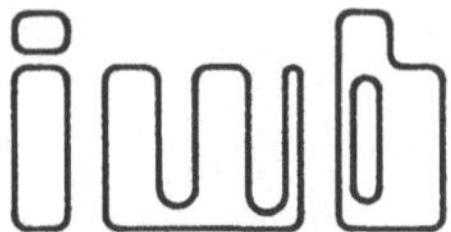

Forschungsberichte · Band 6

Berichte aus dem
Institut für Werkzeugmaschinen
und Betriebswissenschaften
der Technischen Universität München

Herausgeber: Prof.Dr.-Ing. J. Milberg

Hubert Büchs

Analytische Untersuchungen zur Technologie der Kugelbearbeitung

Mit 74 Abbildungen

Springer-Verlag
Berlin Heidelberg New York Tokyo 1986

Dipl.-Ing. Hubert Büchs

FAG Kugelfischer Georg Schäfer KGaA, Schweinfurt

Dr.-Ing. J. Milberg

o. Professor an der Technischen Universität München

Institut für Werkzeugmaschinen und Betriebswissenschaften (iwb), München

ISBN-13 : 978-3-540-16694-8   e-ISBN-13 : 978-3-642-82829-4

DOI : 10.1007 / 978-3-642-82829-4

Gesamtherstellung: Hieronymus Buchreproduktions GmbH, München

2362/3020-543210

Geleitwort des Herausgebers

Die Verbesserung von Fertigungsmaschinen, Fertigungsverfahren und Fertigungs-
organisation im Hinblick auf die Steigerung der Produktivität und die Verrin-
gerung der Fertigungskosten ist eine ständige Aufgabe der Produktionstechnik.
Die Situation in der Produktionstechnik ist durch abnehmende Fertigungslos-
größen und zunehmende Personalkosten sowie durch eine unzureichende Nutzung
der Produktionsanlagen geprägt. Neben den Forderungen nach einer Verbesserung
von Mengenleistung und Arbeitsgenauigkeit gewinnt die Steigerung der Flexi-
bilität von Fertigungsmaschinen und Fertigungsabläufen immer mehr an Bedeutung. In zunehmenden Maße werden Programme, Einrichtungen und Anlagen für
rechnergestützte und flexibel automatisierte Produktionsabläufe entwickelt.

Ziel der Forschungsarbeiten am Institut für Werkzeugmaschinen und Betriebswissenschaften an der TU München (iwb) ist die weitere Verbesserung der Fer-
tigungsmittel und Fertigungsverfahren im Hinblick auf eine Optimierung von
Arbeitsgenauigkeit und Mengenleistung der Fertigungssysteme. Dabei stehen
Fragen der anforderungsgerechten Maschinenauslegung sowie der optimalen Pro-
zeßführung im Vordergrund. Ein weiterer Schwerpunkt ist die Entwicklung fort-
geschrittener Produktionsstrukturen und die Erarbeitung von Konzepten für die
Automatisierung des Auftragdurchlaufs. Das Ziel ist eine Integration der
technischen Auftragsabwicklung von der Konstruktion bis zur Montage.

Die im Rahmen dieser Buchreihe erscheinenden Bände stammen thematisch aus den
Forschungsbereichen des iwb: Fertigungsverfahren, Werkzeugmaschinen, Ferti-
gungs- und Montageautomatisierung, Betriebsplanung sowie Steuerungstechnik
und Informationsverarbeitung. In ihnen werden neue Ergebnisse und Erkenntnisse aus der praxisnahen Forschung des iwb veröffentlicht. Diese Buchreihe
soll dazu beitragen, den Wissenstransfer zwischen dem Hochschulbereich und
dem Anwender in der Praxis zu verbessern.

Joachim Milberg

<u>V O R W O R T</u>

Die vorliegende Arbeit entstand während meiner Tätigkeit als
Leiter der Produktionsvorbereitung Wälzkörperfertigung und
meiner Tätigkeit als Leiter der Planungskoordination der
Firma FAG Kugelfischer KGaA in Schweinfurt in Zusammenarbeit
mit dem Institut für Werkzeugmaschinen und Betriebswissenschaften der Technischen Universität München.

Der Geschäftsleitung der Firma FAG Kugelfischer und dem Leiter des Instituts für Werkzeugmaschinen und Betriebswissenschaften, Herrn Prof. Dr.-Ing. J. Milberg, danke ich für das
Interesse, das sie dieser Arbeit entgegengebracht haben und
für die wohlwollende Unterstützung, die mir bei der Durchführung zuteil wurde.

Mein besonderer Dank gilt allen Mitarbeitern der Firma FAG
Kugelfischer, den Diplomanden und den Mitarbeitern des Instituts für Werkzeugmaschinen und Betriebswissenschaften,
die mich bei der Durchführung der experimentellen Untersuchungen, in organisatorischen Belangen oder beim Anfertigen
der vorliegenden Arbeit unterstützt haben.

Leutershausen, im November 1985

Hubert Büchs

Verwendete Abkürzungen und Formelzeichen

KEDA	Kugeleigendrehachse
SKR	Verfahren, bei dem das Kugelschleifen zwischen den konzentrischen Axialrillen zweier Scheiben erfolgt .
KBH	Kugelbearbeitung nach dem SKR-Verfahren mit horizontaler Arbeitsebene
KBV	Kugelbearbeitung nach dem SKR-Verfahren mit vertikaler Arbeitsebene
KFH, KFV	Wie KBH, KBV - jedoch für Flashing-Verfahren
KLH, KLV	Wie KBH, KBV - jedoch für Läppverfahren
KSH, KSV	Wie KBH, KBV - jedoch für Schleifverfahren
A_R	Querschnittsfläche der Rille
ΔA_R	Änderung der Querschnittsfläche der Rille
$\dot{A}_R$	Zeitliche Änderung von A_R
A	Fläche allgemein
a_r	Radiales Kugelaufmaß
a_{rs}	Das in der stationären Phase abgetragene Aufmaß
a_{ri}	Das in der instationären Phase abgetragene Aufmaß
a	Große Halbachse der Druckellipse (Druckfläche)
b	Kleine Halbachse der Druckellipse, halbe Druckflächenbreite
C	Prozeßkennwert der Kugelbearbeitung
d_K	Kugeldurchmesser
d_D	Drahtdurchmesser
E	Halbe Einstichbreite, Elastizitätsmodul
$\vec{e}_{B1}, \vec{e}_{B2}, \vec{e}_{B3}$	Einheitsvektoren des x_B, y_B, z_B-Koordinatensystems

f_o	Drehfrequenz der Kugel um die x-Achse
f_D	Änderungsfrequenz der KEDA
f_z	Anteil der Kugelcharge zwischen den Werkzeugen
F_N	Normalkraft, die auf die Kugel wirkt
F_{ges}	Kraft, die orthogonal auf die Werkzeuge wirkt = Summe aller Normalkräfte auf die Kugeln
F_R, F_S	Reibkraft, Schleifkraft
F_{RA}, F_{RF}	Reibkraft der Arbeits- bzw. Führungsscheibe
F_x, F_y, F_z	Kräfte in der angegebenen Richtung auf die Kugel
F_{Ki}	Resultierende der Kraft in K-Richtung mit der Werkzeugteil i auf die Kugel wirkt
F_t	Tangentialkraft, wirkt in Richtung der Rillentangente
G	Chargengewicht
h	Rillentiefe
L	Lastverteilungsexponent
l	Länge der Kontaktlinie
l_s	Stiftlänge
M_k	Kreiselmoment
M_R	Reibmoment
M_x, M_y, M_z	Momente, die in der angegebenen Richtung auf die Kugel wirken
M_{Ki}	Resultierendes Moment in K-Richtung mit dem Werkzeugteil i auf die Kugel wirkt
M_L	Lagerreibungsmoment
m	Masse einer Kugel
n	Rillenzahl
n_p	Drehzahl der Arbeitsscheibe

n_{sp} Speicherdrehzahl

P Reibleistung

p Druck, Normalkraft pro Flächeneinheit

q Streckenlast in der Kontaktlinie

q_o Bezugswert der Streckenlast

R Teilkreisradius der Schleifrille

ΣR_j Summe aller Teilkreisradien bei mehrrilligen Kugelbearbeitungswerkzeugen

R_A, R_F Abrollradius der Kugel, Abstand zwischen Kugelmittelpunkt und den Durchstoßpunkten der Momentandrehachse (A - Arbeitsscheibe, F - Führungsscheibe)

r Kugelradius

r_R Rillenradius im Orthogonalschnitt

r_2 Kugelradius nach der Bearbeitung

r_1 Kugelradius zu Beginn des stationären Schleifvorganges

S Spezifischer Schleifscheibenverschleiß

S^{*} Schmiegung r/r_R

T, T^{-1} Transformationsmatrix

T_K Zeit für eine Kugelumdrehung

T_P Periodendauer für die KEDA-Bewegung

T_I Impulsdauer

t Zeitvariable

V Volumen allgemein

V_K Kugelvolumen

V_R Rillenvolumen

V_S Schleifscheibenvolumen

v Geschwindigkeit allgemein

v_K Geschwindigkeit eines Punktes der Kugeloberfläche

v_P	Geschwindigkeit eines Punktes der Scheibe
v_r	Relativgeschwindigkeit
x	Verhältnis von Stiftlänge zu Drahtdurchmesser
x, y, z	Koordinaten, Koordinatenachsen
z	Anzahl Kugeln pro Charge
z_{ist}	Anzahl Kugeln zwischen den Scheiben
z_{100}	Anzahl Kugeln zwischen den Scheiben bei 100 % Füllgrad
Z	Zentrifugalkraft
Z_t	Zufallsvariable
α	Schwenkwinkel der KEDA in der x-, z-Ebene
β	Winkel zwischen Punktvektor $\vec{r}$ und x-Achse = Richtungswinkel
γ	Winkel, unter dem die resultierende Normalkraft an der Kugel angreift
δ	Winkel im Orthogonalschnitt Kugel-Rille
ε	Allgemeiner Winkel in der x , y-Ebene
η_m	Mechanischer Wirkungsgrad
Θ	Massenträgheitsmoment
ϑ_0	Schmiegungswinkel; beschreibt die Ausdehnung der Druckfläche im Orthoganalschnitt Kugel-Rille
$\varkappa$	Füllgrad der Werkzeuge
μ	Hertz'scher Beiwert, Reibbeiwert
μ_G	Gleitreibungs-Koeffizient
μ_R	Rollreibungs-Koeffizient
ν	Hertz'scher Beiwert
ϱ	Dichte
ϱ_{ik}	Krümmung von Rille bzw. Kugel, i bezeichnet den Körper, k die Ebene

σ Normalspannung

τ Schubspannung

φ, φ' Winkel in der x-, z-Ebene

φ_{Di} Durchstoßpunkt der Momentandrehachse beim Werkzeugteil i

$\varphi_{Ai}, \varphi_{Ei}$ Anfangswinkel (A) und Endwinkel (E) der Berührlinie Kugel-Rille für Werkzeugteil i

φ_{oi} Bezugswinkel für die Formulierung der Lastenverteilung für Werkzeugteil i

Ω Winkelgeschwindigkeit des Kugelmittelpunktes

ω Winkelgeschwindigkeit der Kugel um die KEDA

ω_A Amplitude der Winkelgeschwindigkeiten $\omega_x, \omega_y, \omega_z$

$\omega_{xo}, \omega_{yo}, \omega_{zo}$ Basiswerte der Winkelgeschwindigkeitskomponenten von $\vec{\omega}$

ω_D Änderungsgeschwindigkeit der KEDA in den Richtungen x, y, z

$\omega_x, \omega_y, \omega_z$ Komponenten der Winkelgeschwindigkeit

ω_{PF} Winkelgeschwindigkeit der Führungsscheibe

ω_{PA} Winkelgeschwindigkeit der Arbeitsscheibe

ω_{Pi} Winkelgeschwindigkeit des Werkzeugteils i

1. EINLEITUNG

Für Produkte, die keiner konstruktiven Änderung unterliegen, die aber praktisch nicht substituierbar sind, tendiert der Preis nach unten und die Qualität stetig nach oben. Der Fertigungstechnologie kommt dabei eine entscheidende Rolle zu, da durch sie beide Faktoren determiniert sind.

Die Kugel ist ein solches Produkt. Als geometrischer Körper ist sie seit Jahrtausenden bekannt. Seit ca. 300 Jahren werden Marmorkugeln in sogenannten Marmel- oder Schussermühlen hergestellt. Poppe /P7/ beschrieb die Mühlen erstmals 1837. Die Schussermühle bestand aus einem Schleifstein, der konzentrische Rillen besaß und von einem Wasserrad angetrieben wurde und einer Führungsscheibe aus Eichenholz. Die grob behauenen Steine wurden zwischen Führungsscheibe und Schleifstein in der Schleifrille allmählich rund geschliffen. Die "Untersberger Marmormühlen" an der Almbach-Klamm zwischen Salzburg und Berchtesgaden arbeiten seit 1683 nach diesem Prinzip.

1854 beschrieb Dingler /D2/ eine Maschine zum "Schleifen" von Ventilkugeln aus Messing. Sechs Kugeln mit 2" Durchmesser für Lokomotivpumpen wurden danach in sechs bis sieben Stunden mit hinreichender Genauigkeit gefertigt.

Die industrielle Herstellung von Kugeln begann in Deutschland mit der Erfindung der sogenannten "Kugelfräsmaschine" 1883 durch Friedrich Fischer in Schweinfurt. Am 17.7.1890 wurde das Verfahren patentiert. Das Verfahrensprinzip der "Kugelfräsmaschine" entsprach dem der Schussermühlen, wahrscheinlich ohne daß Fischer dieses Prinzip gekannt hatte.

Seit dieser Zeit wurden die Kugelbearbeitungsmaschinen ständig verbessert, doch das Verfahrensprinzip ist bis heute erhalten geblieben: die Kugelbearbeitung zwischen konzentrischen Rillen, das SKR-Prinzip.

Die Kugel begegnet uns heute in allen Bereichen der Technik als Bauteil oder Maschinenelement. Ihre wichtigste Anwendung ist sicherlich die als Wälzelement im Kugellager. Daneben werden Kugeln in anderer Funktion in nahezu allen Branchen eingesetzt, u.a. als Ventilkugel, als Mahlkugel, als Schaltkugel und Kupplungselement, als Griffelement, in Armaturen, als Verschlußelement, in der Spielzeug- und Schmuckindustrie sowie im Kugelschreiber. Kugeln werden im Durchmesserbereich von 0,3 mm bis ca. 400 mm als Vollkugeln gefertigt. Größere Abmessungen werden in durchbohrter Ausführung für Kugelhähne benötigt.

Je nach Anwendung kommen als Werkstoffe hochlegierte, niedriglegierte, härtbare oder nichthärtbare Stähle, Gußeisen, NE-Metalle, Hartmetalle, keramische Werkstoffe, Glas, Kunststoffe und Graphit zum Einsatz. Das Gesamtvolumen der westdeutschen Kugelfertigung wird über alle Bereiche hinweg auf etwa 20.000 Tonnen pro Jahr geschätzt. Das dürfte einer Stückzahl von etwa 10 Milliarden entsprechen.

Kugeln sind nach DIN 5401 und ISO 3290 genormt. Wälzlagerkugeln der Klasse I bis 10 mm Durchmesser besitzen pro Sortierung eine Maß- und Formabweichung kleiner 0,5 μm. Diese hohe Genauigkeit reicht für die Anwendung in geräuscharmen Kugellagern noch nicht aus.

In der ISO-Norm 3290 ist dieser Tatsache Rechnung getragen, indem man weitere, noch bessere Qualitäten eingeführt hat.

Diese hohe Genauigkeit mit vertretbaren Kosten zu fertigen, ist die Aufgabe der Fertigungstechnik.

2. AUFGABENSTELLUNG UND ABGRENZUNG

Das Zusammenwirken von Theorie und Praxis ist zu allen Zeiten die Grundlage der Innovation gewesen. Der Kugelfertigungstechnologie fehlt diese theoretische Grundlage weitgehend.

Die bedeutendste Arbeit auf dem Gebiet der theoretischen Untersuchung der Vorgänge bei der Kugelbearbeitung stammt von Finzi /F6/.

Er kam aufgrund von Analogiebetrachtungen zu dem Schluß, daß die Kugeldrehachse in Maschinen mit konzentrischen Schleifrillen (SKR-Maschinen) in einem mit der Kugel bewegten Koordinatensystem konstante Richtung besitzt, was zur Folge hat, daß die Kugeldrehpole während eines Kugeldurchlaufes unbearbeitet bleiben. In der Vergangenheit sind zahlreiche Patente mit dem Anspruch angemeldet worden, daß durch die erfindungsgemäße Gestaltung der Maschine oder der Werkzeuge die gesamte Kugeloberfläche in einem Durchgang bearbeitet werden könnte. Keines dieser Verfahren konnte sich in der Praxis durchsetzen.

Im Rahmen der vorliegenden Arbeit werden zunächst die wichtigsten Verfahren der Kugelfertigung dargestellt. Für die Kugelbearbeitungsmaschinen, die nach dem SKR-Prinzip arbeiten, wird daraufhin eine Klassifikation nach konstruktiven Gesichtspunkten durchgeführt. Schließlich werden die wichtigsten Baugruppen dieser Maschinen erläutert.

Um die Kinematik der Kugel in SKR-Maschinen rechnerisch ermitteln zu können, müssen die Druckverteilung in der Kontaktfläche zwischen Kugel und Rille und der Reibbeiwert bekannt sein. Um dies zu ermitteln, sind analytische und experimentelle Untersuchungen notwendig. Da die bekannten Methoden zur Ermittlung im vorliegenden Fall nicht brauchbar sind, sind geeignete neue Methoden zu entwickeln. Im

Rahmen der rechnerischen Ermittlung der Kugelkinematik soll
der Einfluß verschiedener Prozeßparameter untersucht werden.

Nach /F6/ wird bei der Grant'schen Maschine eine periodische Änderung der Drehachse erzielt. Doch auch in diesem
Fall ist nicht sichergestellt, daß die gesamte Kugeloberfläche gleichmäßig bearbeitet wird.

In der vorliegenden Arbeit soll mit Hilfe der numerischen
Integration die Schleifzone bzw. Bewegungszone verschiedener Kugelpunkte für verschiedene Bewegungsmuster der Kugeleigendrehachse untersucht werden. Es soll die Frage geklärt
werden, unter welchen Voraussetzungen und mit welchem Bewegungsmuster der Drehachse die gesamte Kugeloberfläche gleichmäßig bearbeitet werden kann.

Die Klärung dieser Frage schließt die Ermittlung einer konstruktiven Lösung, die es ermöglicht, die Drehachse zu
schwenken, nicht ein.

Änderung von Kugeldurchmesser und Rillenquerform sind in-
terdependent. Die Rille wird von der Kugel gebildet, an-
dererseits hängen die erzielbare Rundheit der Kugel und
das Zeitspanvolumen von der Rillenquerform ab.

Im Rahmen vorliegender Arbeit soll die Frage geklärt werden, welchen Einfluß verschiedene Prozeßparameter auf die
Rillenquerform nehmen. Neben einer mathematischen Ableitung werden experimentelle Untersuchungen durchgeführt und
die wichtigsten Parameter: Chargengröße und Verschleiß-
verhalten der Scheifscheibe variiert.

3. FERTIGUNGSVERFAHREN DER KUGELFERTIGUNG

Nach DIN 8580 werden die Fertigungsverfahren in folgende
Hauptgruppen eingeteilt:

        Urformen
        Umformen
        Trennen
        Fügen
        Beschichten
        Stoffeigenschaft ändern

Bei der Kugelfertigung werden Fertigungsverfahren, mit Aus-
nahme des Fügens, aus allen genannten Hauptgruppen eingesetzt. Die wichtigsten sind nachfolgend erläutert.

3.1. Urformen

- Gießen

Durchbohrte Kugeln für Kugelhähne zum Einbau in die
Druckwasserleitung von Wasserkraftanlagen können Durchmesser bis zu mehreren Metern aufweisen. Solche Kugeln
müssen aufgrund ihrer Größe gegossen werden.

- Heißpressen von Rohlingen

Kugeln aus Siliziumnitrid /L4/ für extrem schnellaufende
Wälzlager werden durch Heißpressen, das nach DIN 8580 der
Gruppe "Urformen aus dem körnigen oder pulverförmigen Zustand", Ordnungskennziffer 1.4.1, zuzuordnen ist, mit
nachfolgendem Drucksintern hergestellt. Aus flachen oder
profilierten Platten werden Würfel bzw. zylinderförmige
Rohlinge geschnitten. Die nachfolgende Bearbeitung bis
zur Kugelform ist sehr aufwendig. Durch Trommeln (Gleit-
spanen) werden die Kanten verrundet. Die Endbearbeitung
erfolgt durch Schleifen und Läppen.

<u>- Spritzguß und Druckguß</u>

Kugelrohlinge aus Kunststoff werden im Spritzgußverfah-
ren, Kugelrohlinge aus Nichteisenmetallen im Druckguß-
verfahren hergestellt, sofern die zu fertigende Stückzahl eine Amortisation der Werkzeugkosten ermöglicht.

3.2. Umformen

Dominierte in den Anfängen der Kugelfertigung noch das Gie-
ßen und Drehen der Kugelrohlinge, so wird heute der überwie-
gende Teil der Kugelrohlinge durch Umformung hergestellt.
Diese Umformverfahren sind nach DIN 8580 der Gruppe Druckum-
formen, Untergruppe Gesenkformen DIN 8583, Blatt 4, zuzuordnen.

3.2.1. Kaltumformung

Unter den Umformverfahren zur Herstellung von Stahlkugeln
nimmt die Kaltumformung die wichtigste Stellung ein.

Stahlkugeln bis ca. 30 mm Durchmesser, die mehr als 80 %
der gesamten Kugelproduktion ausmachen, werden durch Kaltumformung hergestellt. Die Maschinen mit horizontal arbei-
tenden Preßschlitten sind mit einer integrierten Scherstation ausgerüstet. Die abgescherten Stifte bis zu einem
Durchmesser von ca. 20 mm werden durch die Pressenmechanik
direkt zwischen die Preßmatrizen gefördert. In Abhängigkeit
vom Kugeldurchmesser sind damit Fertigungsstückzahlen bis
zu 900 Kugeln pro Minute möglich.

Als Ausgangsmaterial dient in der Regel Draht, der in Bun-
den vom Walzwerk geliefert wird. Der Draht muß vor dem
Pressen noch kalibriert werden.

Der erforderliche Drahtdurchmesser d_D richtet sich nach dem
Radius der zu fertigenden Kugel. Nach /L3, 02/ soll das

Stauchverhältnis $x = l_s/d_D$ kleiner als 2,3 sein, um ein
Ausknicken des Drahtes zu vermeiden. Für diesen Fall ergibt
sich ein Drahtdurchmesser von

$$d_D > 1,324 \cdot r \qquad\qquad (3.1)$$

und eine Abschnittslänge von

$$l_s < 3,046 \cdot r \qquad\qquad (3.2)$$

Die erreichbaren Fertigungsgenauigkeiten beim Kaltpressen
liegen im Bereich gedrehter Teile. Die obere Durchmesser-
grenze der Kaltumformung ist durch die stark steigenden
Preßkräfte, die Werkzeugstandzeit und die Entstehung von
Preßrissen gegeben.

3.2.2 Halbwarmumformung

Halbwarmumformung ist dem Umformen nach dem Wärmen (Warmumformung) nach DIN 8582 zuzuordnen. Der Begriff Halbwarmum-
formen ist nicht genormt, wird in der wissenschaftlichen
Literatur jedoch allgemein verwandt.

Dieses Verfahren wurde erst in den vergangenen Jahren zur
Produktionsreife entwickelt. Das Material wird dabei auf
den gleichen oder ähnlichen Maschinen wie bei der Kaltumformung bei einer Temperatur knapp unterhalb des oberen Um-
wandlungspunktes, bei Stahl unterhalb der Austenitbildungs-
temperatur gepreßt.

Das Verfahren der Halbwarmumformung verbindet die Vorteile
der Kaltumformung mit den Vorteilen der Warmumformung. Das
heißt, es können bei reduzierten Preßkräften Fertigungs-
toleranzen eingehalten werden, die denen der Kaltumformung
entsprechen. Da Verzunderung und Entkohlung gering sind,
können die Aufmaße gering gehalten werden. Der Einsatzbereich ist im Durchmesserbereich zwischen Kalt- und Warmumformung zu sehen.

3.2.3 Warmumformung

Bei der Warmumformung ist zu unterscheiden zwischen Maschinen mit integrierter Scherstation, die wie Kaltumformmaschinen arbeiten und solchen - in der Regel Ständerpressen - denen zylindrische Teile zugeführt werden.
Der Vorteil liegt in den niedrigen Preßkräften. Warmumformung ist bei Kugeln größer 30 mm sinnvoll. Die erforderlichen hohen Aufmaße gegenüber der Kaltumformung erfordern in den nachfolgenden Bearbeitungsstufen einen erhöhten Aufwand. Darüber hinaus ist eine zusätzliche Glühbehandlung notwendig.

3.2.4 Schrägwalzen von Kugelrohlingen

Ein Fertigungsfahren zur Herstellung von Kugelrohlingen ist das Schrägwalzen nach Bild 1.

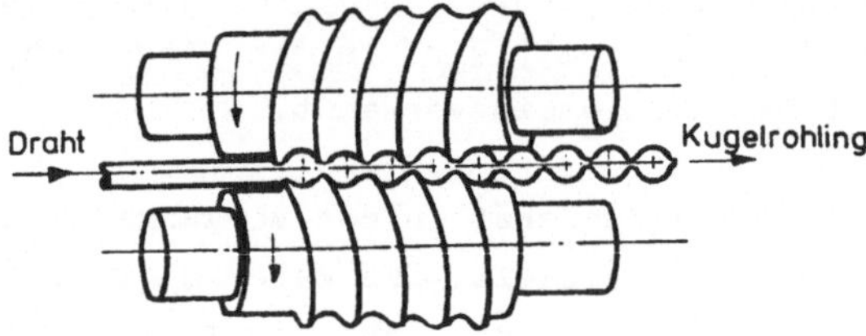

Bild 1: Prinzip des Schrägwalzens von Kugelrohlingen /L5/

Obwohl dieses Verfahren seit langem bekannt ist, konnte es sich bisher nicht durchsetzen.

3.3 Trennen

Innerhalb der Verfahrenshauptgruppe "Trennen" lassen sich folgende Untergruppen unterscheiden:

- Zerteilen
- Spanen mit geometrisch bestimmter Schneidenform
- Spanen mit geometrisch unbestimmter Schneidenform
- Abtragen auf nicht mechanischem Wege
- Zerlegen
- Reinigen
- Evakuieren

In der Kugelfertigung werden die Verfahren Zerteilen, Spanen und Reinigen eingesetzt. Die wichtigsten dieser Verfahren werden nachfolgend dargestellt.

3.3.1 Zerteilen

Bei der Herstellung kleinster Kugeln wird von einem zylindrischen Stiftrohling mit einem Durchmesserlängenverhältnis von $d_K/l_S = 1$ ausgegangen.

Das Abscheren kann auf Kaltpressen mit integrierter Scherstation oder auf Hochleistungsabschermaschinen mit einer Produktionsstückzahl bis zu 1.500 Teilen pro Minute erfolgen.

3.3.2 Spanen mit geometrisch bestimmter Schneidenform

- Drehen

In den Anfängen der Kugelfertigung wurden die Kugeln gegossen oder durch Drehen fertigbearbeitet /F2/. Heute wird die Drehtechnik nur noch bei größeren Kugeln angewandt, die nicht mehr auf sogenannten Flashing-Maschinen (siehe Kap. 3.3.3.1) bearbeitet werden können.

Die Kugel wird dazu zwischen konzentrische Mitnehmer gespannt und durch Nachformdrehen bearbeitet. Kugeldrehmaschinen besitzen eine spezielle Werkzeugkinematik, wobei

der Drehmeißel um eine Achse senkrecht zur Drehachse der
Kugel gedreht wird. Zum Fertigdrehen wird die Kugel umge-
spannt. Dabei ist eine Drehung um 90° senkrecht zur Mit-
nehmerachse erforderlich.

- <u>Kugelfräsen</u>

Die Kugel wird wie beim Drehen zwischen konzentrische
Mitnehmer gespannt. Mit einem Vielmeißelfräser (Messer-
kopf), dessen Außendurchmesser etwa die Größe der Kugel
besitzt, wird zunächst eine Kugelzone bearbeitet. Nach
einer Umspannung kann die Kugel fertigbearbeitet werden.
Fräserachse und Kugeldrehachse müssen sich im Kugelmittelpunkt schneiden.

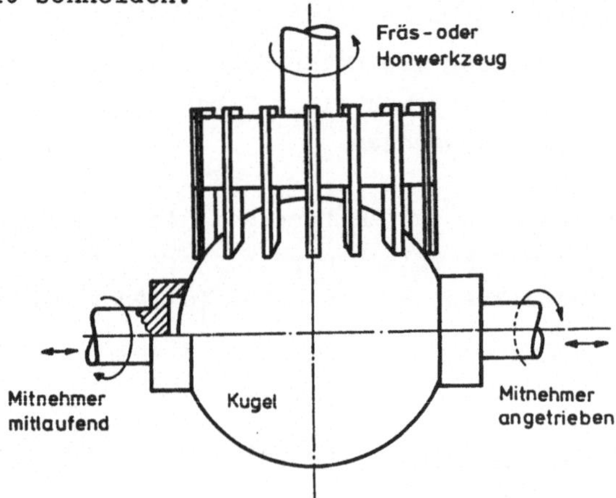

Bild 2: Schematische Darstellung einer Kugelfräs- und
Honbearbeitung (A1)

- <u>Schroten (Feilen)</u>

Das Schroten ist in verschiedenen Veröffentlichungen be-
schrieben worden /L3, G6, G3, O2/. Das Verfahren kann der
Gruppe Spanen mit geometrisch bestimmten Schneiden, Un-
tergruppe Feilen, DIN 8589, Teil 7, zugeordnet werden.
Die Kugeln werden beim Schroten zwischen konzentrischen
Scheiben bearbeitet. Eine dieser Scheiben steht still und

besitzt einen inneren und einen äußeren Führungsbord, damit die Kugelrohlinge nicht aus der Maschine entweichen
können. Die andere Scheibe dreht sich. Sie besitzt einen
Feilenhieb, der den Abtrag an den Kugelrohlingen bewirkt.
Das Verfahrensprinzip ist in Bild 3 dargestellt.

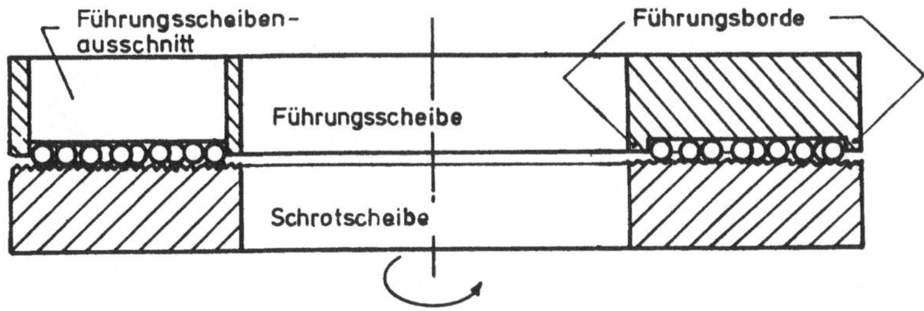

Bild 3: Schematische Darstellung des Kugelschrotverfahrens

Durch die Drehung der Feilscheibe wälzen sich die Kugeln
zwischen den Scheiben ab und werden so im Laufe der Zeit
rund. Die Kugeln besitzen nach diesem Arbeitsgang eine sehr
rauhe Oberfläche und relativ große Formungenauigkeiten.
Abgescherte zylindrische Stifte können nach diesem Verfahren zu Kugeln bearbeitet werden.

Das Kugelschroten wird heute zur Herstellung von Qualitäts-
kugeln nicht mehr eingesetzt.

3.3.3 Spanen mit geometrisch unbestimmter Schneidenform

3.3.3.1 Kugelrollieren (Flashen)

Kugelrollieren ist Spanen mit geometrisch unbestimmten
Schneiden unter Verwendung von Werkzeugen aus gehärtetem
Guß, bei denen eine Vielzahl von Schneiden durch Material-
ermüdung während der Bearbeitung entsteht (Pittingbildung).
Das Kugelrollieren ist als Sonderfertigungsverfahren nicht
genormt und fällt nach DIN 8580 und DIN 8589 in die Gruppe
3.3: Spanen mit geometrisch unbestimmten Schneiden.

Für das Kugelrollieren hat sich in der Praxis der Begriff
Flashen eingeführt, der im folgenden verwandt wird.

Nach dem englischen Ausdruck "in a flash", zu deutsch "im
Nu", wird das Verfahren Flashen genannt, die Maschine Flashing-Maschine. Der Ablauf der Bearbeitung und der Maschi-
nenaufbau entsprechen dem des Schleifens. Es wird auf diesen Abschnitt verwiesen.

Friedrich Fischer's "Kugelfräsmaschine" /F4, F1/ war praktisch die erste Flashing-Maschine.

Gepreßte Kugeln besitzen Materialüberstände an den Polen und
einen Äquatorwulst, darüber hinaus je nach Fertigungsgenau-
igkeit der Presse einen Kalottenversatz. Aufgrund dieser
Formungenauigkeit und zur Entfernung von Materialfehlern an
der Oberfläche müssen in diesem ersten Arbeitsgang nach dem
Pressen relativ große Materialmengen von der Kugel abgetragen werden. Dazu wurden die Flashing-Maschinen entwickelt.

Beim Flashen werden die Kugeln zwischen zwei Scheiben, die
mit konzentrischen Rillen versehen sind, bearbeitet. Eine
Scheibe steht still, die andere dreht sich. Die stehende
Scheibe besitzt einen Ausschnitt, in dem die Kugeln kontinuierlich der Maschine zugeführt und entnommen werden.
Die Scheiben bestehen aus gehärtetem Sonderguß. Die Gefüge-
ausbildung wird so gesteuert, daß durch die Wechselbela-
stung beim Abrollen der Kugel in der Rille Materialzerrüt-
tungen auftreten, die zur Pittingbildung führt. Die dadurch
entstehende makroskopische Rauheit der Rille bewirkt an der
Kugel eine hohe Abtragsleistung. Nach Herstellerangaben
können bei einer Kugelcharge von 24.000 Stück mit einem
Durchmesser von 10 mm 4,5 Gewichtsprozente Material pro
Stunde abgetragen werden. Das entspricht einer Durchmesser-
änderung von 0,15 mm/h.

Die erreichbare Durchmessergenauigkeit beträgt nach /G1/
15 /um, die Formgenauigkeit 10 /um.

<u>3.3.3.2 Schleifen</u>

Schleifen ist Spanen mit geometrisch unbestimmten Schneiden unter Verwendung von Werkzeugen, die aus einer Vielzahl
gebundener Schleifkörner bestehen (Schleifscheiben), bei
nicht ständiger Berührung zwischen Werkstück und Schleifkorn.

In der Kugelbearbeitung war es bisher üblich, Schleif-,Hon-
und Läppverfahren unter dem Sammelbegriff "Schleifen" zu-
sammenzufassen. Im Rahmen dieser Arbeit wird eine Begriffs-
trennung durchgeführt.

Schleifverfahren werden in DIN 8589, Teil 11, nach Bild 4
unterteilt.

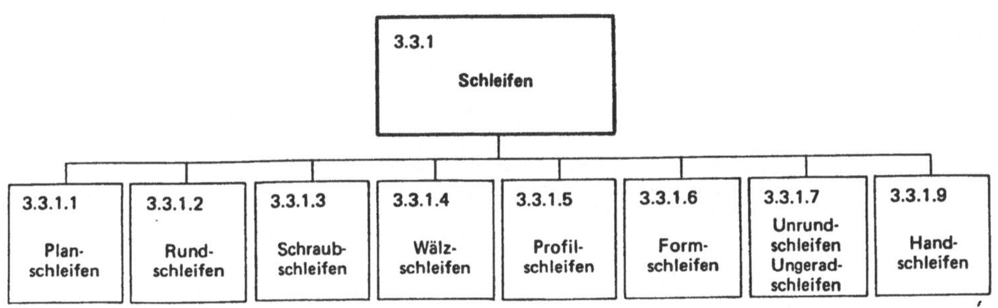

Bild 4: Einteilung der Schleifverfahren nach DIN 8589,
        Teil 11

Eine weitere Unterteilung erfolgt /K5/ nach Werkstückmerk-
malen, nach dem Werkzeug und der Kinematik, Bild 5.

Das Kugelschleifen, insbesondere das Schleifen in konzentrischen Rillen, läßt sich in dieser Systematik nicht
unterbringen. Es wird deshalb vorgeschlagen, dem Kugelschleifen wegen seiner Bedeutung für alle Bereiche der
Technik in der Gruppe Werkstückmerkmale eine eigene Gruppe
zuzuordnen. Dem Kugelschleifen nach dem SKR-Verfahren liegt

Verfahren	Werkstückmerkmale		Werkzeug	Kinematik
Schleifen	Plan-	Außen-	Umfangsschleif-körper	Längs-(gerad)*
	Rund-	Innen-	Seitenschleif-körper	Längs-(kreisend)**
	Schraub-		Profilschleif-körper	Einstech-(gerad)*
	Wälz-		Formschleif-körper	Einstech-(kreisend)**
	Profil			Quer-(gerad)*
	Form			Schräg(gerad)*
				Schräg(kreisend)**

* geradlinig geführte Vorschubbewegung
** kreisförmig geführte Vorschubbewegung

Bild 5: Unterteilung der Schleifverfahren /K5/

eine spezielle Kinematik des Werkstücks Kugel zugrunde. Die
Kugelbewegung ist weitgehend durch die Schleifscheibe determiniert. Schleifscheibe und Kugel bewegen sich kreisförmig um die gleiche Achse. Die Kugel besitzt nur zeitweise
eine ausgeprägte Werkstückdrehachse, die sich nach jedem
Durchgang unkontrolliert ändert. Dies steht im Gegensatz
zum Rund-, Profil- und Formschleifen.

Im folgenden werden die gebräuchlichsten Kugelschleifver-
fahren erläutert. Sonderverfahren nach /N1, G6, N5, O2/
werden nicht erörtert.

a) <u>Kugelschleifen nach dem Spitzenlos-Schleifverfahren</u>

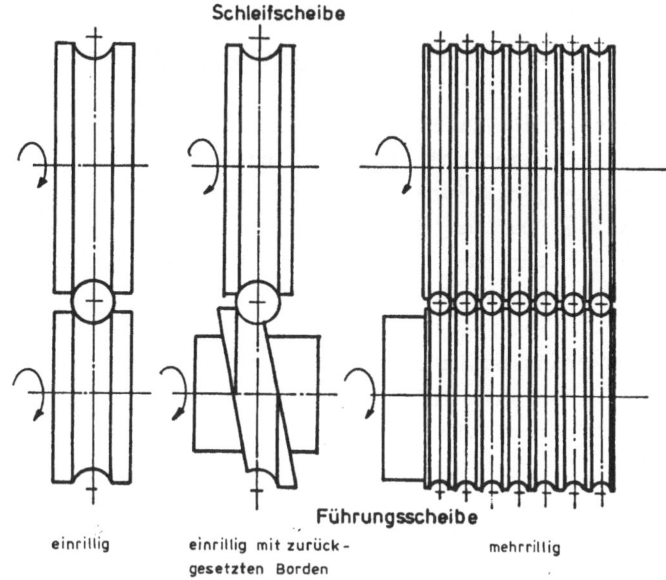

Bild 6: Spitzenlos-Einstechschleifen von Kugeln

Das Kugelschleifen nach dem Spitzenlos-Schleifverfahren
/G4, L5, 02/ ermöglicht die Verwendung konventioneller
Spitzenlos-Einstechschleifmaschinen. Nach /G4/ werden
die Kugeln diskontinuierlich in Achsrichtung der
Schleifscheibe von Rille zu Rille bewegt. Die Rillen besitzen abnehmende Rillenradien entsprechend dem Kugelab-
schliff. Die erreichbare Durchmessertoleranz und Formgenauigkeit entspricht mit ca. 13 μm für eine Kugel von
ca. 10 mm Durchmesser der beim Flashen.

Nach /L5/ wird zum Spitzenlos-Schleifen eine taumelnde
Regelscheibe benötigt, damit ein Achswechsel der Kugeldrehung erreicht und die gesamte Oberfläche geschliffen
wird. Der Einsatzbereich wird mit 50 bis 250 mm Durchmesser angegeben.

Diese Spitzenlos-Schleifverfahren dürften nach Einschätzung des Verfassers in der Kugelfertigung eine unterge-
ordnete Bedeutung besitzen.

b) <u>Kugelschleifen nach dem Grant'schen Prinzip</u>

Dieses Schleifverfahren, auch fälschlicherweise Trocken-
schleifen genannt, arbeitet nach dem Spitzenlos-Schleifverfahren mit Punktberührung zwischen Kugel und Schleifscheibe. Der Begriff "Spitzenlos-Schleifen" wird im Rahmen vorliegender Arbeit nicht benutzt, da er für die oben
erläuterten Verfahren bereits verwendet wurde.

John Grant hatte sich diese Maschine 1892 zuerst in den
USA, 1896 auch in Deutschland patentieren lassen. Das
Funktionsprinzip zeigt Bild 7.

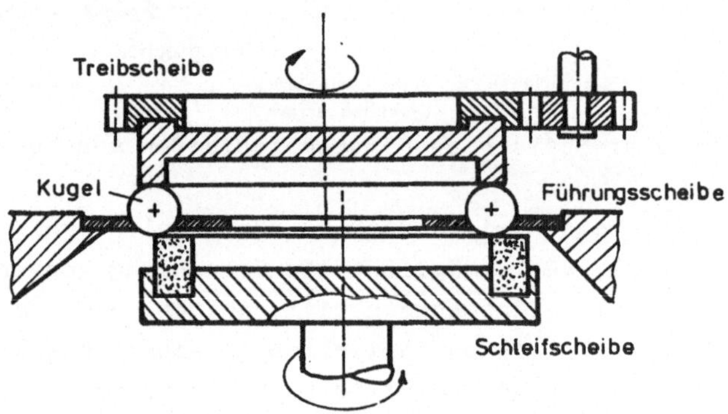

Bild 7: Funktionsschema einer Kugelschleifmaschine
nach dem Grant'schen Prinzip

Die Kugeln werden, angetrieben durch die Treibscheibe,
in der nach unten offenen V-förmigen Rille um die Eigendrehachse und die Führungsscheibenachse gedreht. Durch
die exzentrische Anordnung der Schleifscheibe ändert
die Schleifkraft während eines Umlaufes der Kugel in der
Rille die Richtung, wodurch die Eigendrehachse der Kugel
geschwenkt wird.

Durch die Punktberührung zwischen Kugel und Schleifscheibe entstehen ringförmige Schleifflächen auf der
Kugel, die sich nach der Drehachsenänderung kreuzen.
Die entstehenden Kugeln haben deshalb das Aussehen eines
Vielflächners. Die Schleifleistung dieser Maschine wird
bei einer Kugel von 12,7 mm Ø mit 9,33 mm^3/min angegeben /F6/. Das entspricht 1 ‰ der Leistung einer Flashing-Maschine.

c) <u>Kugelschleifen zwischen konzentrischen Rillen (SKR)</u>

Nach dem SKR-Verfahren werden heute praktisch alle Kugeln bearbeitet, die in Serie produziert werden. Die
Bearbeitungswerkzeuge bestehen aus zwei Scheiben. Eine
der beiden Scheiben, die Kugelführungsscheibe, ist gegen
Verdrehung gesichert und in axialer Richtung verschieb-
bar. Sie besitzt konzentrische Rillen und einen Scheibenausschnitt, der der Zuführung der Kugeln zu den Werkzeugen und der Entnahme dient. Zwischen Ein- und Auslauf ist
die Abzieheinrichtung für die Schleifscheibe plaziert.

Die Gegenscheibe zur Führungsscheibe ist die Schleifscheibe. Schleifscheibenachse und Führungsscheibenachse
sind identisch. Die Schleifscheibe dreht sich, wodurch
die den Rillen der Führungsscheibe zugeführten Kugeln
in diesen abgewälzt werden. Nach einem Durchlauf, der
nach Abzug des Scheibenausschnittes ca. 320 Winkelgrade
beträgt, werden die Kugeln den Werkzeugen entnommen und
einem Speicher und danach wiederum den Werkzeugen zugeführt. Damit ist ein Bearbeitungszyklus abgeschlossen.
Bis zur Erreichung der geforderten Kugelqualität sind
zahlreiche Bearbeitungszyklen erforderlich.

Im Laufe der Bearbeitung verschleißt die Schleifscheibe,
und es entstehen konzentrische Rillen, die im Durchmesser denen der Führungsscheibe entsprechen. Der Rillenradius entspricht dem Kugelradius, wie später noch gezeigt wird.

Die Relativgeschwindigkeit zwischen Kugel und Schleifscheibe in der Kontaktlinie beim Abrollen der Kugel entspricht
der Schnittgeschwindigkeit.

Die nach diesem Verfahren erreichbare Maß- und Formgenauigkeit liegt je nach Kugeldurchmesser zwischen 1 /um und
10 /um, wobei die kleinen Werte für die kleinen Kugeln gelten. Das Zeitspanvolumen liegt um eine Größenordnung niedriger als beim Flashen.

In Bild 8 ist die schematische Darstellung einer in der Arbeitsebene aufgeklappten Schleifmaschine mit Ringspeicher
zu sehen.

3.3.3.3 Honen

Honen ist Spanen mit geometrisch unbestimmten Schneiden unter Verwendung von Werkzeugen, die aus einer Vielzahl gebundener Schleifkörner bestehen, bei ständiger Berührung
zwischen Werkstück und Schleifkorn.

Maschinen, die als Honmaschinen zu bezeichnen sind, sind in
der Literatur um 1900 beschrieben worden /F6, F3, D1/,
konnten sich aber bis heute nicht durchsetzen.

Ein heute praktiziertes Verfahren ist in (A1) beschrieben.
In Bild 2 ist die schematische Darstellung einer entsprechenden Maschine zu erkennen. Statt des Messerkopfes wird
ein Honwerkzeug installiert. Der Arbeitsablauf ist dem Frä-
sen ähnlich. Zum Fertigbearbeiten einer Vollkugel ist ein
Umspannen erforderlich.

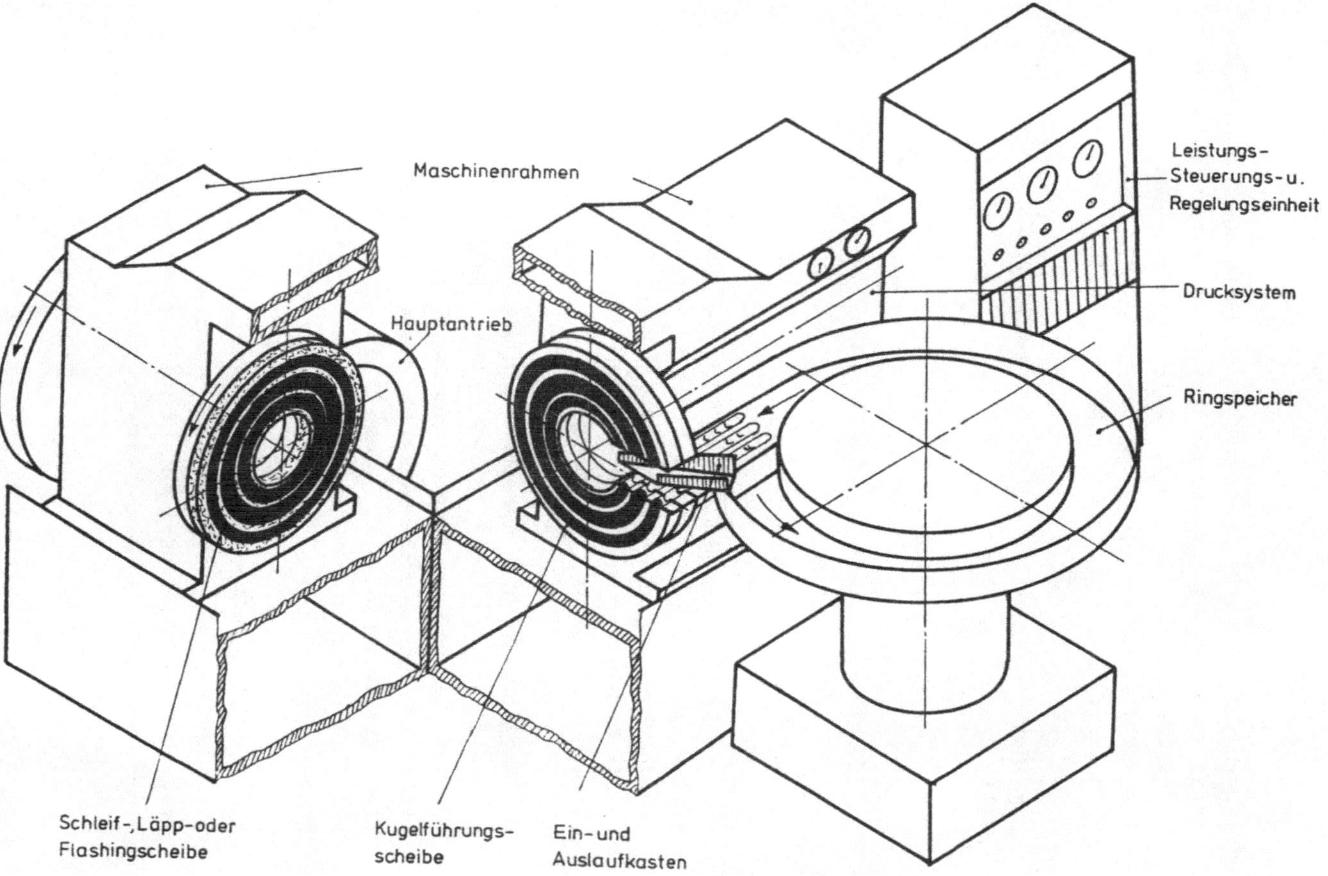

Bild 8: Kugelbearbeitungsmaschine mit vertikaler Arbeitsebene und Ringspeicher

3.3.3.4 Läppen

Läppen ist Spanen mit geometrisch unbestimmten Schneiden
unter Verwendung von nicht gebundenem, in einer Paste oder
Flüssigkeit verteiltem Korn, dem Läppgemisch, das auf einem
formübertragenden Gegenstück, bei möglichst ungeordneten
Schneidenbahnen der einzelnen Körner, geführt wird.

Das Läppen wird nach DIN 8589 in fünf Hauptgruppen unterteilt:

- Planläppen,
- Rundläppen,
- Schraubläppen,
- Wälzläppen,
- Profilläppen.

Hier sollte als weitere Hauptgruppe das Kugelläppen ergänzt
werden. Es gehört zu den Zweischeibenläppverfahren, besitzt
jedoch eine spezielle, vom Planläppen und Rundläppen abwei-
chende Kinematik. Nach /S8/ wird das Kugelläppen als Sonderverfahren eingestuft.

Die Kugelläppmaschine arbeitet nach dem SKR-Verfahren, das
bereits unter Punkt 3.3.3.2 erläutert wurde (Bild 8).
Läppscheibe und Kugelführungsscheibe besitzen konzentrische
Rillen und sind gleichermaßen am Zerspanungsprozeß beteiligt. Die nach DIN 5401, Klasse I bis III, und nach
ISO 3290 geforderten Maß- und Formgenauigkeiten und Ober-
flächengüten sind nur durch Läppen herstellbar.

Für die Maß- und Formabweichung sind 0,1 /um, für die Ober-
flächenrauheit R_a = 0,01 /um erreichbar. Diese hohe Genauigkeit wird in einem oder zwei Läpparbeitsgängen erreicht.
Werden geringere Genauigkeiten gefordert, genügt ein Läpp-
arbeitsgang.

Die Abtragsleistung beim Läppen ist um den Faktor 10 niedriger als beim Schleifen . Die Läppzeiten einer Kugelcharge von 300 kg liegen in der Größenordnung von 10 Stunden, wobei diese Zeit erheblich vom Kugeldurchmesser und der geforderten Genauigkeit abhängt.

3.3.4 Reinigen

Dem Reinigen von Kugeln für Wälzlager kommt eine erhebliche Bedeutung zu, da anhaftende Läppmittel die Lebensdauer der Wälzlager erheblich vermindern können. Eine der vielfältigen Methoden ist die mechanische Reinigung mittels rotierender Bürsten nach /W6/. Die Kugeln werden zu diesem Zweck in einem Scheibenkäfig kontinuierlich unter die Bürsten gerollt.

3.4 Sonstige Kugelfertigungsverfahren

- Beschichten

  Als Beschichtungsverfahren werden in der Kugelfertigung in Sonderfällen angewandt:

        Brünnieren,
        Phosphatieren,
        Aufbringen galvanischer Überzüge.

  Ein allgemein angewandtes Verfahren dieser Gruppe ist das Konservieren zum Schutz gegen Korrosion.

- Stoffeigenschaft ändern

  Hier sind in erster Linie das Glühen, Härten und Anlassen von Stahlkugeln zu nennen, Verfahren, denen in der Wälzkörperfertigung eine erhebliche Bedeutung zukommt. Auf eine Erläuterung dieser Verfahren wird an dieser Stelle verzichtet, da sie in der Wälzlagerliteratur ausführlich behandelt werden.

<u>3.5 Zusammenfassende Betrachtung der Kugelfertigungsver-
fahren</u>

Zur Herstellung von Kugeln werden Fertigungsverfahren aus
nahezu allen Verfahrensgruppen nach DIN 8580 eingesetzt.
Die wichtigsten sind:

       Kaltpressen der Kugelrohlinge ,
       Flashen nach dem SKR-Verfahren ,
       Schleifen nach dem SKR-Verfahren ,
       Läppen nach dem SKR-Verfahren .

Die Leistungsfähigkeit der Verfahren der spanabhebenden
Bearbeitung veranschaulicht Bild 9.

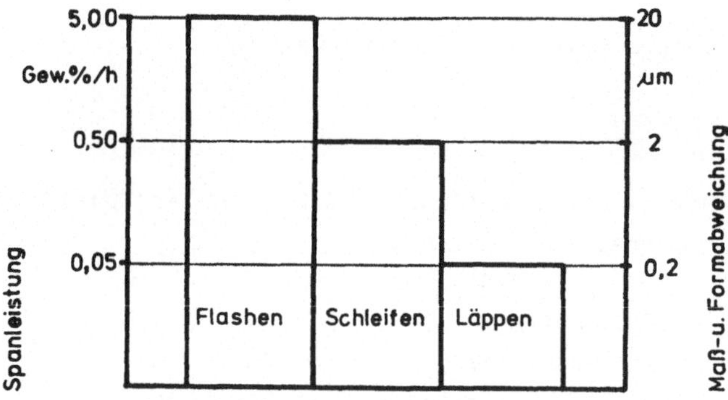

Bild 9: Leistungsfähigkeit der Kugelbearbeitungsverfahren,
       ausgedrückt durch die Spanleistung pro Std.

Die angegebenen Werte können nur als Richtschnur dienen.
In der Praxis der Kugelfertigung können sie teilweise erheblich über- oder unterschritten werden.

Kugeln werden chargenweise bearbeitet. Die Chargengröße
wird in Stück z [Stck] oder in Gewichtseinheiten M [kg] angegeben. Von der Kugelcharge befindet sich nur jeweils ein
bestimmter Anteil f_z zwischen den Werkzeugen. Dieser Anteil
ergibt sich näherungsweise aus dem Verhältnis Speicherdrehzahl n_{SP} und Werkzeugdrehzahl n_P , wenn die Kugelabrollra-
dien in beiden Scheiben etwa gleich groß sind und der Ringspeicher schlupffrei arbeitet, was im allgemeinen angenommen
werden kann.

$$f_z = \frac{2\,n_{sp}}{n_p} \tag{3.3}$$

Das Verhältnis n_{SP}/n_P beeinflußt auch den Füllgrad $\varkappa$, der
angibt, wie dicht die Kugeln in den Rillen aufeinander fol-
gen.

Der Füllgrad $\varkappa = \frac{z_{ist}}{z_{100}} = 1$ wird gemäß Definition dann erreicht, wenn zwischen den Kugeln in der Rille mit dem
kleinsten Teilkreisradius ein Kugeldurchmesser Abstand vorhanden ist und durch alle Rillen die gleiche Anzahl Kugeln
rollen.

$$z_{100} = \frac{R_i\,\pi\,n}{2\,r} \tag{3.4}$$

$$\varkappa = f_z\,\frac{z}{z_{100}} \tag{3.5}$$

R_1 = Teilkreisradius der innersten Rille

z_{100} = Kugelzahl zwischen den Scheiben bei
$\qquad \varkappa = 1$

z_{ist} = Kugelzahl zwischen den Scheiben

n = Rillenzahl

f_z = Kugelanteil zwischen den Werkzeugen

z = Kugelzahl der Kugelcharge

4. KUGELFERTIGUNGSMASCHINEN, DIE NACH DEM SKR-PRINZIP ARBEITEN

4.1 Baugruppen von SKR-Maschinen

Das SKR-Prinzip ist so alt wie die Kugelfertigung. Für die
verschiedene Anwendungsfälle wurden im Laufe der Zeit verschiedene Maschinentypen entwickelt, die wiederum in verschiedenen Ausführungsformen hergestellt werden.

Obwohl die Maschinen untereinander teils erhebliche Unter-
schiede besitzen, sind die wesentlichen Baugruppen bei allen vorhanden.

Maschinenrahmen

Der Maschinenrahmen dient der räumlichen Anordnung der un-
terschiedlichen Baugruppen. Er hat die Aufgabe, die beim
SKR-Verfahren auftretenden hohen Normalkräfte aufzunehmen
(bis zu 300.000 N), die auf die großflächigen Werkzeuge
wirken. Um ein Aufbiegen zu vermeiden, wird er in der Regel
in geschlossener Bauweise ausgeführt, der eine gleichmäßige
Dehnung erlaubt und damit Fluchtungsfehler der Werkzeuge
vermeidet. Die insbesondere beim Flashen auftretenden star-
ken Schwingungen müssen durch eine steife Rahmenkonstruk-
tion aufgenommen werden.

Hauptspindel

Die Hauptspindel überträgt das Antriebsmoment in der Größenordnung von 5.000 Nm. Sie muß hohe Radial- und Biege-
kräfte aufnehmen, die aus der unsymmetrischen Belastung
der Werkzeuge resultieren. Im Hinblick auf die hohen Quali-
tätsanforderungen sind deshalb an die Hauptspindel und
Hauptspindellagerung besonders hohe Anforderungen zu stellen.

Vorschubantrieb (Drucksystem)

Beim allgemeinen Einstechschleifverfahren ist der Vorschub
die Ursache für die auftretenden Normal- und Schleifkräfte.
Beim SKR-Verfahren ist diese Kausalkette zumindest gedank-
lich umzudrehen. Im Vordergrund steht der Aufbau einer Normalkraft. Werden die Werkzeuge bewegt, resultiert daraus
eine Schleifkraft, der Abschliff an der Kugel und der Werkzeugverschleiß.
Aus diesem Grund wird für das SKR-Verfahren ein Normal-
kraft-Regelsystem, das sogenannte Drucksystem, benötigt.
Das Drucksystem hat die Aufgabe, die Normalkraft während
der Bearbeitung auf dem eingestellten Wert zu halten.

Bei älteren Maschinen wurde der Druck mechnisch manuell
aufgebracht und eingestellt. Heute sind elektromechanische
oder elektrohydraulische Stelltriebe mit Druckregeleinrich-
tung im Einsatz.

Das Drucksystem muß so aufgebaut sein, daß es elastisch auf
Störungen reagiert. Zu den wichtigsten Störungen zählen Kugeln, die gegenüber den anderen Kugeln der Charge einen zu
großen Durchmesser besitzen und eine zu geringe Kugelzahl
zwischen den Rillen. Um eine gleichmäßige Druckverteilung
über die Werkzeugfläche zu erzielen, wird bei verschiedenen
Maschinenausführungen die Normalkraft nicht im Werkzeugmit-
telpunkt sondern im Flächenschwerpunkt übertragen. Zum
Drucksystem ist Führung und Lagerung der Kugelführungsscheibe zu rechnen.

Hauptantrieb

Der Hauptantrieb besteht heute in der Regel aus polum-
schaltbaren Drehstrommotoren, stufenlos regelbaren Gleich-
strommotoren oder frequenzgeregelten Drehstrommotoren. Das
hohe Antriebsmoment (bis 5.000 Nm) wird von einem Mehrfach-
keilriementrieb übertragen. Teilweise kommen Zwischenge-
triebe zum Einsatz.

<u>Prozeßsteuerungseinheit, Leistungs- und Bedienungsteil</u>

Dieser Teil enthält die Engergieversorgungs- und Steuerein-
heiten für den Hauptantrieb und die Nebenantriebe. Die
wichtigsten Einstellparameter der Prozeßregelung werden
über Anzeigegeräte sichtbar gemacht: Leistungsaufnahme und
Drehzahl des Hauptantriebs, Speicherdrehzahl, Gesamtnormalkraft und Prozeßstufendauer.

<u>Kugelführungsscheibe</u>

Die Kugelführungsscheibe ist auf dem Montageflansch des
Druckzylinders befestigt. Sie kann über das Drucksystem
in axialer Richtung bewegt werden und besitzt einen Kreis-
ausschnitt für den Kugelein- und -auslauf und die Abzieh-
vorrichtung beim Schleifen. Die Kugelführungsscheibe dreht
sich nicht. Beim Schleifen hat sie die primäre Aufgabe der
Kugelführung, beim Flashen und Läppen ist sie gleichrangig
am Zerspanungsprozeß beteiligt. Auf der der Schleif-, Läpp-
oder Flashing-Scheibe zugewandten Seite trägt sie konzentrische Rillen, deren Abstand etwas größer als der Kugeldurchmesser ist. Die Summe der Rillenteilkreisradien, R_j,
ist ein Maß für die Maschinengröße. Der Rilleneinlauf besitzt eine langgezogene Fase, um Kantendrücke auf die Kugel
zu vermeiden.

Der Rillenverschleiß der Führungsscheibe ist beim Flashen
und Läppen aufgrund der reduzierten Rillenlänge durch den
Ein- und Auslauf höher als der der Flash- bzw. Läppscheibe
und in der Regel am Ein- und Auslauf größer als in der
restlichen Rille, was eine Folge der mittigen Krafteinleitung darstellt. Aus diesem Grund muß sie häufiger nachgear-
beitet werden als die Gegenscheibe.

<u>Schleif-, Läpp-, Flashingscheibe</u>

Die Schleif-, Läpp- oder Flashingscheibe, allgemein Arbeitsscheibe genannt, ist ringförmig und auf dem Hauptspindel-

flansch montiert. Schleifscheiben werden zu diesem Zweck
stirnseitig auf eine Schleifscheibenaufnahme geklebt.

Die Arbeitsscheibe trägt wie die Führungsscheibe stirnseitig konzentrische Rillen mit den gleichen Teilkreisradien.
Über die Arbeitsscheibe wird das Antriebsmoment auf die
Kugeln übertragen, die dadurch angetrieben sich in den Rillen der Führungsscheibe vom Einlauf zum Auslauf bewegen
(rollen).

Die Drehzahl der Arbeitsscheibe ist durch die Zuführ- und
Entnahmegeschwindigkeit der Kugeln begrenzt. Sie liegt je
nach Kugeldurchmesser und Verfahren zwischen 20 und 180
Umdrehungen in der Minute.

Ein- und Auslaufkasten (EA-Kasten)

Nach einem Bearbeitungszyklus werden die Kugeln bei mehrrilligen Werkzeugen den Rillen entnommen und zum Zwecke
eines Achs- und Rillenwechsels zwischengespeichert oder unmittelbar wiederum den Werkzeugen zugeführt. Bei Einrill-
Maschinen entfällt der EA-Kasten.

Bereits um die Jahrhundertwende war erkannt worden, daß der
EA-Kasten für die Herstellung qualitativ hochwertiger Kugeln eine wichtige Funktion übernimmt. Bild 10 zeigt eine
solche Baueinheit, die auch heute noch dem Stand der Technik entspricht.

Die wichtigsten Elemente des EA-Kastens sind der Fänger,
der Einlaufrechen und die Einlaufrutsche.

Der Fänger streift die Kugeln aus der Rille ab. Sie werden
danach in einen Speicher oder mit Hilfe eines Rillenwechs-
lers der Einlaufrutsche zugeleitet. Über Einlaufrutsche und
Einlaufrechen werden die Kugeln den Rillen zugeführt.

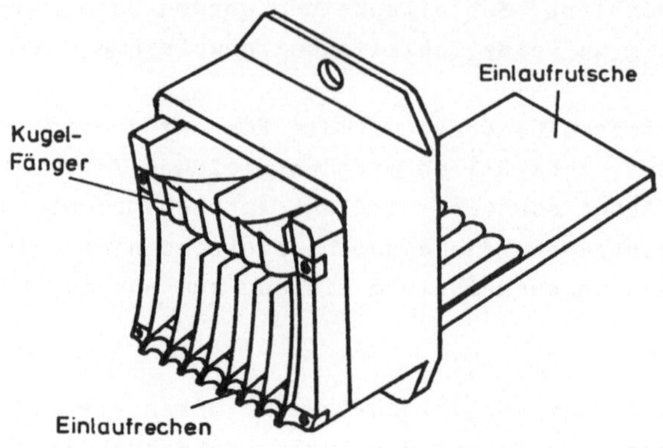

Bild 10: Ein- und Auslaufkasten nach (F6) für eine Maschine mit vertikaler Arbeitsebene

Maschinen mit mehrrilligen Werkzeugen und horizontaler Arbeitsebene KBH-Maschinen besitzen keinen EA-Kasten. Ein Fänger hebt die Kugeln aus der Rille, die Funktion von Einlaufrutsche und Einlaufrechen wird von der Schleif-, Läpp- oder Flashing-Scheibe und der Kugelführungsscheibe übernommen. Ein Rillenwechsel findet durch Vermischung im Führungsscheibenausschnitt bzw. im Speicher statt.

Kühlschmierstoffsystem

Der Großteil der bei der Kugelbearbeitung anfallenden Wärmeenergie muß durch den Kühlschmierstoff abgeführt werden. Neben dieser wichtigen Aufgabe hat der Kühlschmierstoff Einfluß auf die Spanleistung, die Oberflächenqualität und den spezifischen Leistungsbedárf /S7/. Darüber hinaus hat er die Funktion, den Abschliff und die durch den Werkzeugverschleiß anfallende Materialmenge aus der Bearbeitungszone zu fördern.

Der Kühlschmierstoff trägt also im Rücklauf eine Energiefracht und eine Materialfracht aus metallischen und nicht-

metallischen Stoffen. Da er aus Gründen der Wirtschaftlich-
keit und des Umweltschutzes im Kreise geführt werden muß,
muß er vor der Zuleitung zur Maschine gereinigt und ge-
kühlt werden. Diese wichtige Funktion erfolgt für mehrere
Maschinen zentral oder dezentral.

Speichersystem

Ein Kugelbearbeitungszyklus umfaßt einen Werkzeugdurchlauf
und einen Speicherdurchlauf.

Kugelform und Rillenform beeinflussen sich gegenseitig. Zur
Erreichung einer geringen Formabweichung muß der Rillenradius auch bei abnehmendem Kugeldurchmesser immer dem
Kugelradius entsprechen. Gleichzeitig ist der Verschleißquotient, S = Werkzeugverschleißvolumen/Spanvolumen, aus
Wirtschaftlichkeitsgründen klein zu halten. Diese Forderungen werden in der Praxis durch eine große Kugelcharge erreicht (vgl. Kap. 5.5).

Da zwischen den Werkzeugen nur eine begrenzte Kugelzahl un-
terzubringen ist, bedient man sich eines Speichers, um die
Kugelcharge zu erhöhen. Maschinen ohne Speicher und mit vertikaler Arbeitsebene besitzen einen sogenannten Rillenwechsler, Bild 11, Maschinen mit horizontaler Arbeitsebene einen
"Fänger" im Plattenausschnitt der Kugelführungsscheibe.

Kugeln größer ca. 50 mm Durchmesser werden auf Maschinen
mit nur einer Rille, auf sogenannten Einrillern bearbeitet
(satzweise Fertigung).

Die Chargengröße einer Kugelmenge wird im allgemeinen in
Gewichtseinheiten angegeben. Sie bewegt sich je nach Kugel-
größe, Bearbeitungsverfahren und Speichersystem zwischen
100 und 400 kg. Lose, die satzweise gefertigt werden, werden in Stück angegeben.

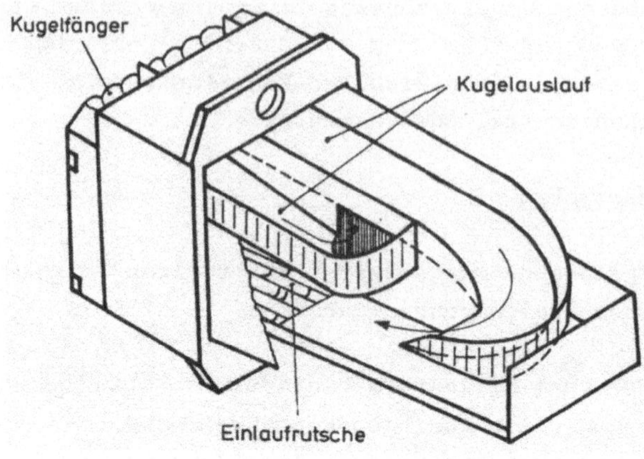

**Bild 11: Rillenwechsler für eine Kugelbearbeitungsmaschine
mit vertikaler Arbeitsebene**

Bei Speichersystemen werden folgende Varianten unterschie-
den:

- Ringspeicher ,
- Trommelspeicher,
- Becherförderer ,
- sonstige Speichersysteme .

- Ringspeicher nach Bild 8 und 12 ermöglichen eine kon-
tinuierliche, über die Speicherdrehzahl steuerbare Zuführung der Kugeln zu den Werkzeugen. Eine Vermischung
von bearbeiteten und unbearbeiteten Kugeln wird vermieden, was zur Erzielung einer hohen Maß- und Formgenauigkeit notwendig ist. Ringspeicher können schräg
gestellt werden, wenn ein Höhenunterschied überwunden
werden muß.
Bei SKR-Maschinen mit horizontaler Arbeitsebene sind die
Werkzeuge oft in der Mitte des Ringspeichers angeordnet,
bei Maschinen mit vertikaler Arbeitsebene steht der Ringspeicher neben der Maschine.

- Trommelspeicher besitzen eine horizontale Drehachse. Innerhalb der Trommel sind radiale Schaufeln angebracht,
  die die Kugeln nach oben in den Kugeleinlauf fördern,
  Bild 12.
  In der Trommel werden bearbeitete und nicht bearbeitete
  Kugeln teilweise vermischt, da bei größeren Kugelchargen
  nicht alle Kugeln von den Schaufeln erfaßt werden, einzelne von den Schaufeln wieder nach unten fallen und
  dadurch erst mit teilweise erheblicher Verzögerung dem
  Bearbeitungsprozeß zugeführt werden.
  In den zahlreichen Kanten und Ecken des Systems können
  sich insbesondere kleine Kugeln längere Zeit festsetzen
  und nach dem Lösen und Wiederzuführen zu einer Zerstö-
  rung der benötigten Rillenquerform führen.

- Für Becherförderer gilt im Prinzip das gleiche wie für
  den Trommelspeicher. Die Funktionsweise ist aus Bild 12
  zu ersehen.

Abzieheinrichtung beim Kugelschleifen

Die Abzieheinrichtung ist im Führungsscheibenausschnitt
zwischen Kugeleinlauf und Kugelauslauf angeordnet. Sie ist
nur in Schleifmaschinen vorhanden.

Abgerichtet werden nicht die aktiven Werkzeugflächen, sondern die Stege zwischen den Rillen. Das Abrichten erfolgt
während der Bearbeitung. Dabei werden die Rillen auf konstante Tiefe gehalten.

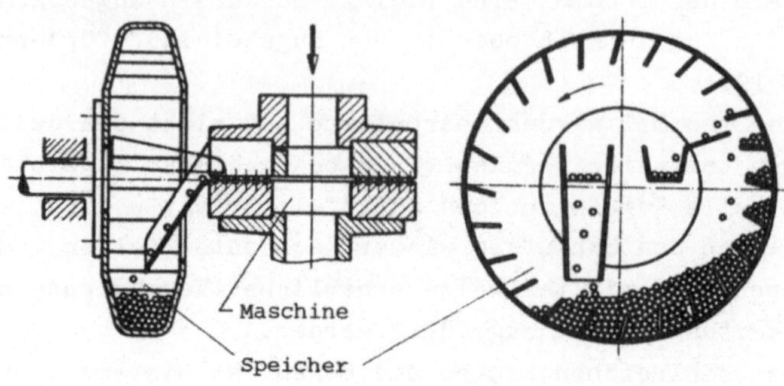

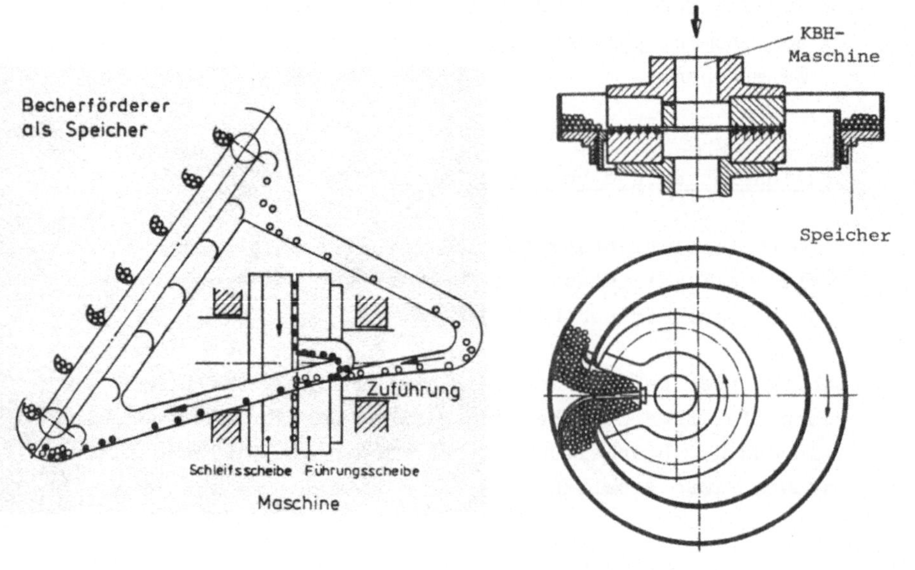

Bild 12: Speichersysteme zur Kugelbearbeitung für Maschinen mit vertikaler und horizontaler Arbietsebene
a) Trommelspeicher   b) Ringspeicher
c) Becherförderer

<u>4.2 Klassifikation der SKR-Maschinen</u>

Maschinen, die nach dem SKR-Prinzip arbeiten, besitzen zwar
im wesentlichen die gleichen Baugruppen, unterscheiden sich
aber in der konstruktiven Gestaltung oft erheblich. Sie können nach folgenden Merkmalen klassifiziert werden:

- Fertigungsverfahren ,
- Lage der Arbeitsebene ,
- Werkzeugausführung ,
- Speicher und Rillenwechsler.

Einen Überblick über die wichtigsten auftretenden Varianten
gibt Bild 13.

Fertigungs- verfahren	Arbeitsebene	Werkzeug- ausführung	Speicher und Rillenwechsler
Flashen	vertikal	einrillig	Ringspeicher
Schleifen	horizontal	mehrrillig	Trommelspeicher
Läppen			Becherförderer
			Speicher im Füh- rungsscheiben- ausschnitt
			Rillenwechsler
			ohne Zusatzein- richtung

Bild 13: Klassifikation der SKR-Maschinen

Auf die Fertigungsverfahren wurde in Kapitel 3 näher eingegangen.

Ein wesentliches Unterscheidungsmerkmal ist die Lage der
Bearbeitungsebene.

Kugelbearbeitungsmaschinen nach dem SKR-Prinzip mit horizontaler Arbeitsebene werden nachfolgend KBH-Maschinen
(Bild 14), Flashing-Maschinen KFH-, Schleifmaschinen KSH-
und Läppmaschinen KLH-Maschinen genannt. Analog werden solche mit vertikaler Arbeitsebene KFV-, KSV-, KLV- oder allgemein als KBV-Maschinen bezeichnet (Bild 8). Zur voll-
ständigen Kennzeichnung wird im folgenden der Werkzeugaußendurchmesser mit angegeben. Zum Beispiel KFV-900 = Kugel-
Flashing-Maschine mit vertikaler Arbeitsebene und 900 mm
Werkzeugaußendurchmesser.

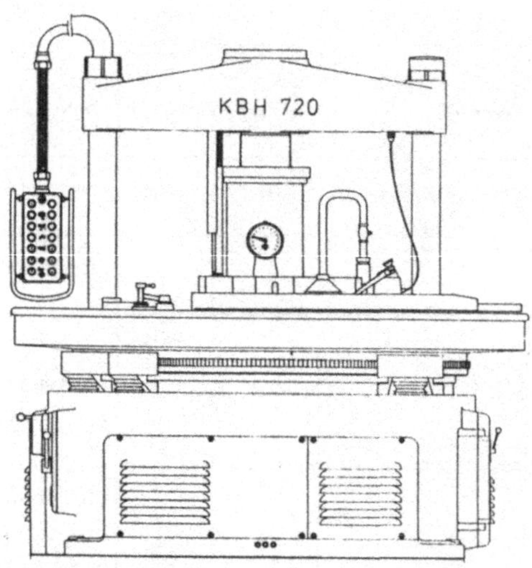

Bild 14: Kugelbearbeitungsmaschine mit horizontaler Ar-
        beitsebene

5. DIE WECHSELSEITIGE BEEINFLUSSUNG VON KUGELDURCHMESSER UND RILLENQUERFORM

5.1 Allgemeine Erkenntnisse der Verschleißforschung

Zu den Themen Reibung und Verschleiß im allgemeinen und zum Werkzeugverschleiß im besonderen sind zahlreiche Untersuchungen veröffentlicht worden.

Auf den Verschleiß von Kugelbearbeitungswerkzeugen wird in zwei Veröffentlichungen /I1, I2/ eingegangen.

In den nachfolgenden Ausführungen wird weitgehend auf die Begriffe aus der Schleiftechnik zurückgegriffen. Teilweise erschien die Einführung zusätzlicher Begriffe notwendig, da die Ergebnisse der Untersuchungen neben dem Schleifen auch für das Läppen und Flashen gelten sollen.

Der Anteil des Werkstückvolumens, der während der Bearbeitung abgetragen wird, wird nachfolgend Spanvolumen genannt, die am Werkzeug auftretende Materialabnahme Werkzeugverschleiß, unabhängig davon, ob die Materialabnahme beim Flashen, Schleifen oder Läppen erfolgt.

Da die Zeitspanvolumina in der Kugelfertigung vergleichsweise gering ist, sind die elementaren Vorgänge bei der Zerspanung mit Verschleißvorgängen vergleichbar.

Dies haben mehrere Forscher /P5, E2/ bei konventionellen Läppverfahren festgestellt.

Siebel /S6/ untersuchte den Einfluß von Verunreinigungen im Schmiermittel auf den Verschleiß ringförmiger Proben. Dem Schmiermittel wurde zu diesem Zweck Korund mit einer Korngröße von 6 bis 8 /um zugesetzt. Die Ergebnisse sind im Bild 15 dargestellt.

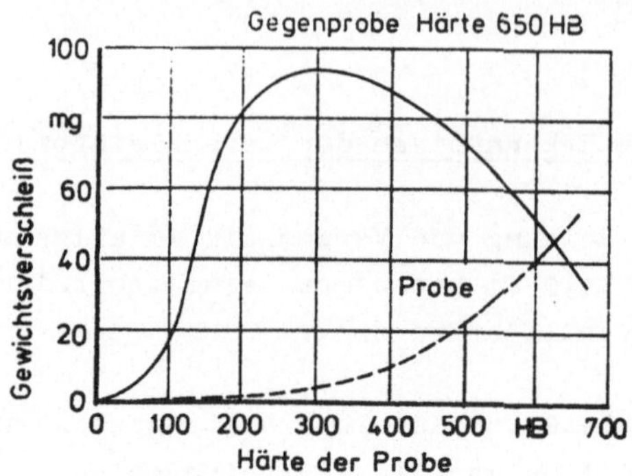

Bild 15: Verschleiß von Probe (z.B. Werkzeug) und Gegen-
        probe (z.B. Kugel) bei verschiedener Härte der
        Probe bei Zugabe von Korund zum Schmieröl /S6/
        nach einer bestimmten Zeit

Sind beide Proben gleich hart, so ist der Gewichtsverschleiß
ca. gleich groß. Ist die Härte jedoch unterschiedlich, so er-
fährt die härtere die größere Abnutzung. Der größte Verschleiß an der harten Gegenprobe wird erreicht, wenn die
Härte der Probe ca. 300 HB beträgt.

Überträgt man diese Erkenntnisse auf das Läppen von gehärte-
ten Kugeln, so entspricht die Kugel der Gegenprobe und das
Läppwerkzeug der Probe. Die Werkzeugverschleißgeschwindig-
keit läßt sich beim Läppen durch die Wahl der Werkzeughärte
in einem weiten Bereich steuern.

Der Verschleißmechanismus wird von /M2, M3, M4/ wie folgt
erklärt:

Die Körner rollen zwischen den Oberflächen und hinterlassen
kraterförmige Bearbeitungsspuren, die aufgrund der Werkstoffermüdung zum Abtrag führen. In einen weichen Werkstoff
werden die Körner hineingedrückt und so am Rollen gehindert.

Die eingebetteten Körner ritzen dadurch die härtere Gegenprobe, wodurch der höhere Verschleiß der harten Probe begründet ist.

Weitere Parameter für den Abtrag beim Läppen sind die Läpp-
flächenbelastung, Läppgeschwindigkeit, Korngröße und Korn-
zahl. Deren quantitativen Einfluß beschreiben Martin und
Matsunaga /M4, M2/.

Über die Verschleißmechanismen von Kugelbearbeitungswerkzeugen sind keine Untersuchungen bekannt. Es kann jedoch
davon ausgegangen werden, daß sich je nach Kugelbearbeitungsverfahren allgemein bekannte Erkenntnisse der Ver-
schleißforschung, der Abtragsmechanismen beim Läppen und
beim Schleifscheibenverschleiß auf die Kugelbearbeitung
übertragen lassen.

Der Verschleiß im allgemeinen wird nach Broszeit /B5/ in
fünf Kategorien unterteilt:

1. Adhäsiver Verschleiß
2. Abrasiver Verschleiß
3. Korrosiver Verschleiß
4. Schichtverschleiß in der artfremden Grenzschicht
5. Verschleiß infolge der Ermüdung in den arteigenen
   obenflächennahen Bereichen (Ermüdungsverschleiß)

Der adhäsive Verschleiß ist gekennzeichnet durch die Bildung
und nachfolgende Trennung von Haftbrücken infolge einer Relativbewegung. Die Bildung von Haftbrücken hängt entschei-
dend von der Werkstoffpaarung, dem Verhältnis der E-Module
und den örtlich auftretenden Kontaktdrücken ab.

Abrasiver Verschleiß entspricht einem Mikrozerspanungspro-
zeß. Dabei dringen harte Rauheitsgipfel des einen Reibpart-
ners in den weicheren ein, wobei infolge einer Relativbewegung Verschleißpartikel (Späne) durch Furchung entstehen.
Furchungsvorgänge lassen sich bei Metall-Mineral-Paarungen

beobachten (Schleifen) oder wenn ein Zwischenmedium minera-
lische Partikel enthält (Läppen). Der Verschleißwiderstand
steigt mit der Werkstoffhärte.

Beim korrosiven Verschleiß ist die chemische Aktivität des
Zwischenmediums von Bedeutung. Sie wird durch mechanische
Anregung verstärkt.

Beim Schichtverschleiß laufen die Verschleißvorgänge in der
äußeren, artfremden Grenzschicht der metallischen Reibpartner ab. Zur artfremden Grenzschicht zählen Oxid-, Adsorp-
tions- und Reaktionsschichten. Eine klare Abgrenzung zum
Korrosionsverschleiß ist nicht eindeutig möglich. Vereinfachend kann gesagt werden, daß im Falle des Schichtver-
schleißes eine verschleißmindernde Deckschicht gebildet
wird. Die Verschleißvorgänge laufen innerhalb der Deckschicht ab. Zu ihrer Erneuerung ist eine ausreichende Reak-
tionsgeschwindigkeit (Oxidation) des Grundwerkstoffs erforderlich. Beim Korrosionsverschleiß wird durch mechanische
Verletzungen der Grundwerkstoff freigelegt und dem chemi-
schen Angriff ausgesetzt.

Beim Ermüdungsverschleiß laufen irreversible Veränderungen
des Kristall- und Gefügezustandes ab, die auf Wechselbean-
spruchung des Werkstoffs zurückzuführen sind. Dadurch können
nach einer Inkubationszeit größere Volumenbereiche (bis zu
mehreren Kubikmillimeter) aus der Oberfläche der Reibpartner
gelöst werden. Wesentliche Einflußfaktoren sind auf der
Werkstoffseite:

   Gefügezustand und die Verteilung nichtmetallischer
   Einschlüsse

Im Prinzip treten alle diese Erscheinungsformen des Verschleißes bei der Kugelfeinbearbeitung auf, wobei abrasiver
Verschleiß und Ermüdungsverschleiß dominieren.

Über den Schleifscheibenverschleiß beim Plan- und Rund-
schleifen sind in der Vergangenheit zahlreiche Arbeiten veröffentlicht worden /u.a. P1, W4, K3, S1/.

Die elementaren Vorgänge beim Schleifscheibenverschleiß
wurden von Peklenik /P4/ untersucht. Danach sind folgende
Verschleißursachen zu unterscheiden:

- Druckerweichung durch Temperatureinwirkung am Schleifkorn,

- Absplitterung einzelner Kristallgruppen durch Rißbildung
  infolge hoher Tangentialspannungen, die ihrerseits durch
  hohe Temperaturgradienten hervorgerufen werden,

- teilweiser Kornausbruch,

- vollständiger Kornausbruch.

Druckerweichung und Absplitterung von Kristallgruppen bewirken eine Verschlechterung, teilweiser und vollstänständiger
Kornausbruch eine Verbesserung der Schneideigenschaften der
Schleifscheibe. Die Ursachen des Verschleißes und seine Aus-
wirkungen auf die Schleifkräfte, die Spanleistung oder die
Oberflächenqualität der bearbeiteten Teile wird in der vorliegenden Arbeit nicht untersucht. Der Verschleiß als Mate-
rialverlust, der die Form der Rille im Werkzeug verändert,
ist Gegenstand der folgenden Kapitel.

5.2 Rillenquerform

Eine Besonderheit der Kugelfertigung ist die starke wech-
selseitige Beeinflussung von Rillenquerform und Kugeldurchmesser.

Geht man zunächst davon aus, daß das Bearbeitungswerkzeug
nicht verschleißt, so geht die Schmiegung zwischen Kugel

und Rille im Laufe der Zeit verloren, d.h. wenn der Rillenradius gleich bleibt, der Kugelradius jedoch kleiner wird,
erhält man eine Punktberührung und damit praktisch einen
Rollkontakt zwischen Kugel und Werkzeug. Diese Betrachtung
gilt zunächst für starre Körper.

Betrachtet man elastische Körper, so wird sich zwischen
Rille und Kugel bei einer Reduzierung der Schmiegung eine
Kontaktfläche einstellen, die durch die Hertz'sche Theorie
über die Berührung fester Körper ausreichend genau beschrie-
ben werden kann. Dies wurde für Kontaktstellen gekrümmter
Körper, z.B. bei Kugellagern, nachgewiesen /u.a. K2, F7/.

Während man bei Kugellagerungen den Punktkontakt bevor-
zugt um die Reibkräfte gering zu halten, ist bei der Kugelfertigung das umgekehrte wünschenswert, denn Reibleistung
ist hier in erster Näherung gleichzusetzen mit Abtragsleistung. Aus der Wälzlagertechnik ist bekannt, daß hohe
Schmiegungen zu hohen Reibleistungen führen. Das heißt, in
der Kugelfertigung sind hohe Schmiegungen zwischen Kugel und
Rille zur Erzielung hoher Zerspanungsleistungen erwünscht.

Die Schmiegung S* ist wie folgt definiert:

$$S^* = \text{Kugelradius/Rillenradius} = r/r_R \qquad (5.1)$$

Die bisherigen Überlegungen gingen davon aus, daß das Werkzeug nicht verschleißt und damit der Rillenradius erhalten
bleibt. Wenn man diese Einschränkung fallen läßt, so kann
man bei genügend großem Rillenverschleiß erreichen, daß der
Rillenradius exakt dem Kugelradius entspricht, d.h. die
Schmiegung gleich 1 wird (S* = 1). Für diesen Fall sind die
Hertz'schen Gleichungen bezüglich der Druckverteilung zwischen Kugel und Rille nicht mehr gültig.

Nachdem die beiden Extremfälle: sehr hoher Rillenverschleiß
und Rillenverschleiß gleich Null näher untersucht wurden,
stellt sich die Aufgabe, den dazwischen liegenden Bereich

mathematisch zu erfassen, um in Abhängigkeit von der
Radiusänderung der Kugel $\dot{r}$ und der Verschleißgeschwindig-
keit der Schleifscheibe $\dot{h}$ die Schmiegungsverhältnisse angeben zu können. Plastische Verformungen von Werkzeug oder
Kugel werden nicht berücksichtigt.

Zunächst soll der Schmiegungswinkel ϑ_0 eingeführt werden.
Er sei definiert als der Winkel, durch den die Länge der
großen Halbachse der Druckellipse zwischen Kugeln und Rille
bestimmt ist. D.h. für Winkel kleiner als ϑ_0 berühren sich
Kugel und Rille, bei größeren Winkeln ist dies nicht der
Fall. Unter dem Winkel ϑ_0 liegt also der Ablösepunkt.

Die folgenden Ermittlungen gelten zunächst für den starren
Körper.

Beschreibt man im Orthogonalschnitt Kugel-Rille den Kugelgroßkreis in einem mit der Rille fest verbundenen Koordinatensystem x,z, wobei die x-Achse radial in der Scheiben-
oberfläche liegt und die z-Achse in Rillenmitte auf den Kugelmittelpunkt gerichtet ist, so gilt:

$$r' = \sqrt{r^2 - z_1^2 \sin^2\delta} - z_1\cos\delta \qquad (5.2)$$

r' beschreibt den Kugelgroßkreis in dem räumlich festen
Koordinatensystem x,z.

Der Abstand zwischen Kugelmittelpunkt und Schleifscheiben-
oberfläche z_1 reduziert sich bei abnehmendem Kugeldurchmesser und mit dem Verschleiß der Schleifscheibe. Damit
ist auch r' eine Funktion der Zeit und des Winkels δ .
Für $\delta = 0$ wächst r' mit der Zeit, sofern die Schleifscheibe
verschleißt. Dies wird in der Praxis grundsätzlich der Fall
sein. Für $\delta = 180°$ fällt r' mit der Zeit, da im Laufe der
Bearbeitung die Kugel kleiner und auch die Schleifrille tiefer wird. Zwischen den Winkeln $\delta = 0$ und $\delta = \pm180°$ muß es
folglich zwei Punkte geben, für die die zeitliche Änderung
von r' Null ist.

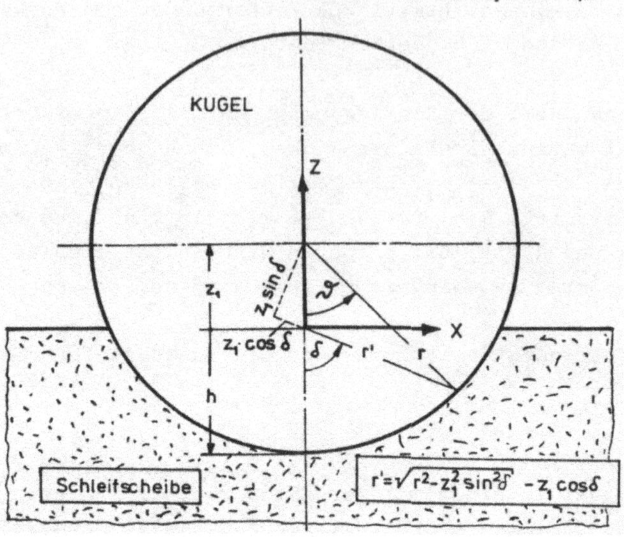

Bild 16: Ableitung des Schmiegungswinkels ϑ_o

Für die weiteren Überlegungen kann zunächst davon ausgegangen werden, daß zum Zeitpunkt Null eine vollkommene
Schmiegung ($S^* = 1$) zwischen Kugel und Rille vorliegt.

Wächst r' für einen bestimmten, zeitlich unveränderlichen
Winkel δ mit der Zeit, so ist dies ein Zeichen dafür, daß
an dieser Stelle die Kugel weiter in die Schleifscheibe ein-
dringt, das heißt, die Schleifscheibe verschleißt. Es muß
also ein Kontakt zwischen Kugel und Rille vorliegen. Fällt
r' für einen bestimmten Winkel δ mit der Zeit, so bedeutet
dies, daß sich die Kugel von der Rille löst, das heißt, es
kann dort keine Berührung zwischen Kugel und Rille vorhanden
sein. Ist r' für einen bestimmten Winkel δ_o und Zeitpunkt
konstant, so ist zu diesem Zeitpunkt dort der Ablösepunkt

zwischen Kugel und Rille. Das heißt, der Ablösepunkt läßt
sich aus der zeitlichen Ableitung des Radius r' ermitteln.

$\dot{r}' > 0$: Rillenkontakt

$\dot{r}' < 0$: kein Rillenkontakt

$\dot{r}' = 0$: Ablösepunkt ($\delta = \delta_0$)

$$\dot{r}' = \frac{r\dot{r} - z_1\dot{z}_1 \sin^2\delta}{\sqrt{r^2 - z_1^2\sin^2\delta}} - z_1\cos\delta \qquad (5.3)$$

Der Abstand z_1 zwischen Kugelmittelpunkt und Schleifschei-
benoberfläche läßt sich im x,z-Koordinatensystem durch
den Kugelradius und die Rillentiefe ausdrücken.

$$z_1 = r + h \qquad (h < 0)$$
$$\text{daraus:} \quad \dot{z}_1 = \dot{r} + \dot{h}$$

Eingesetzt in Gl. (5.3) erhält man für $\dot{r}' = 0$:

$$\frac{\dot{r}}{\dot{r} + \dot{h}} - \frac{z_1}{r} \sin\delta_0 = \cos\delta_0\sqrt{1 - \frac{z_1^2}{r^2} \sin^2\delta_0} \qquad (5.4)$$

Gl. (5.4) läßt sich nach $\sin\delta_0$ auflösen. Man ermittelt mit
$a = \dot{r}/(\dot{r} + \dot{h})$ und $z_1/r = c$:

$$\sin\delta_0 = \sqrt{\frac{1 - a^2}{1 + c^2 - 2ac}} \qquad (5.5)$$

Da z_1 und r von der Zeit abhängen, ist auch δ_0 eine Funktion der Zeit. Gesucht ist der Winkel ϑ_0 .

Mit Hilfe des Sinussatzes läßt sich die Abhängigkeit zwischen den Winkeln ϑ_0 und δ_0 darstellen:

$$\sin\vartheta_0 = \frac{r'}{r} \sin\delta_0 \qquad (5.6)$$

Mit $\quad r' = \sqrt{r^2 + z_1^2 - 2\,z_1\,r\,\cos\vartheta_0}$ $\qquad$ und Gl. $\quad$ (5.5)

läßt sich Gl. (5.6) wie folgt niederschreiben:

$$\sin^2\vartheta_0 \;=\; \frac{(1 + c^2 - 2\,c\,\cos\vartheta_0)(1 - a^2)}{1 + c^2 - 2\,ca} \tag{5.7}$$

Wie man sofort erkennt, sind beide Seiten der Gleichung
(5.7) identisch, wenn man $a = \cos\vartheta_0$ setzt. Dies ist gleichzeitig die gesuchte Lösung.

$$\frac{\dot{r}}{\dot{r} + \dot{h}} \;=\; \cos\vartheta_0$$

$$\frac{\dot{h}}{\dot{r}} \;=\; \frac{1 - \cos\vartheta_0}{\cos\vartheta_0} \tag{5.8}$$

Während der Winkel δ_0 nach Gl. (5.5) von der Zeit abhängt,
ist ϑ_0 nur von der Radiusänderung der Kugel $\dot{r}$ und von der
Änderung der Rillentiefe $\dot{h}$ abhängig. Ist das Verhältnis
$\dot{h}/\dot{r}$ konstant, so ist auch ϑ_0 konstant, die Rillenflanken
also Geraden.

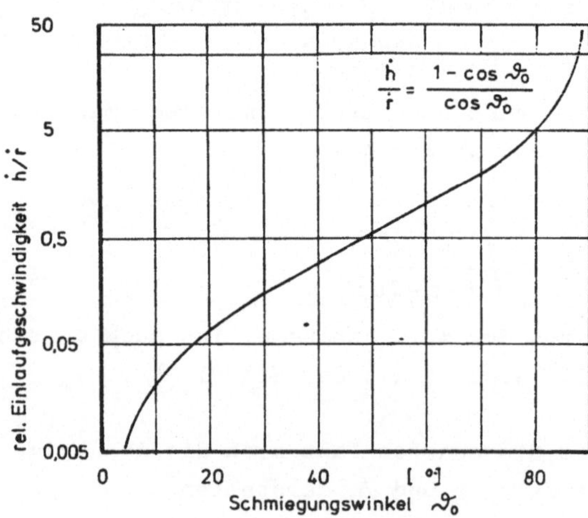

Bild 17: Relative Einlaufgeschwindigkeit h/r in Abhängigkeit vom Schmiegungswinkel ϑ₀

Die Einhüllende einer Schar von Kreisen (Kugelgroßkreise),
die diese Bedingung erfüllen, sind in Bild 18 dargestellt.
Bild 18 zeigt, daß die Rillenflanken Geraden sind, unter
dem Winkel 90- ϑ_0 zur Mittelsenkrechten.
Gleichung (5.8) läßt sich direkt aus Bild 18 ableiten.

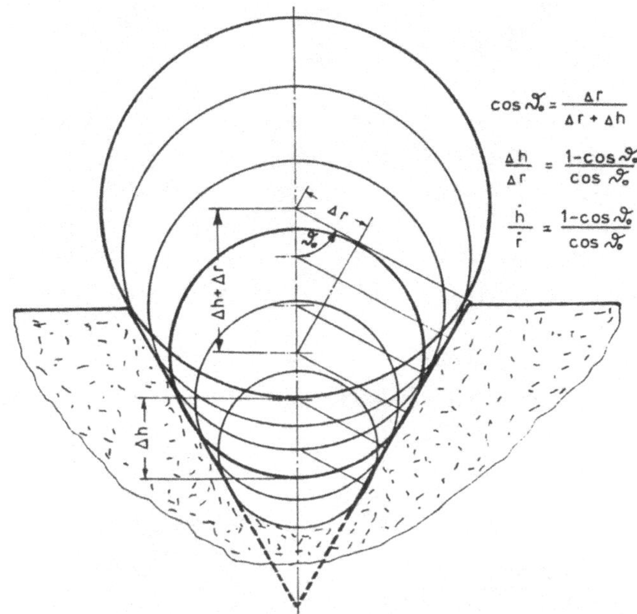

<u>Bild 18:</u> Entstehung der Rillenquerform für ein konstan-
tes Verhältnis $\Delta h / \Delta r$ entsprechend $\dot h / \dot r$

Ist der Quotient $\dot h / \dot r$ nicht konstant, so ergeben sich für
kleine Werte von $\dot h / \dot r$ gekrümmte Rillenflanken.
Sie sind konkav, wenn $\dot h / \dot r$ im Laufe der Bearbeitung sinkt
und sind konvex, wenn der umgekehrte Fall eintritt. Rillentiefe und Kugelradius sind ohne Einfluß auf ϑ_0 .

Gl. (5.8) gilt für den starren Körper.
Für elastische Körper ist mit einer Vergrößerung der großen
Halbachse der Druckfläche zu rechnen. Für die im allgemeinen
bei der Kugelherstellung verwendeten Werkstoffe mit hohem
E-Modul ist mit Werten kleiner 1 % zu rechnen.

Dies bedeutet, daß die Vergrößerung des Schmiegungswinkels
für die meisten Werkstoffe vernachlässigbar klein ist.
Unter dieser Voraussetzung gilt Gl. (5.8) auch für Körper
mit elastischen Eigenschaften.

5.3 Stationärer Verschleiß

Da die Kugel im Laufe der Bearbeitung kleiner wird und das
Werkzeug einem gewissen Verschleiß unterliegt, wird die
Rille im Laufe der Bearbeitung tiefer. Dadurch ist der Fall
gegeben, daß der Rillenradius dem Kugelradius entspricht.
Die Berührlänge ist durch den Schmiegungswinkel ϑ_0 be-
stimmt. Er läßt sich nach Gl. (5.8) ermitteln.

Zu einem bestimmten Zeitpunkt hat die Kugel ihr Soll-Maß
erreicht und wird der Maschine entnommen. Die nächste zu
bearbeitende Kugelcharge besitzt zu Beginn der Bearbeitung
einen um das Aufmaß $2 \cdot a_r$ größeren Kugeldurchmesser.

Da die Rille bei Beendigung des vorangegangenen Bearbeitungsprozesses den Radius r_2 der fertigen Kugel angenommen
hatte, wird die größere noch unbearbeitete Kugel die Rille
zunächst nur in zwei Punkten berühren. Im Laufe der Bearbeitung verschleißt die Rille. Gleichzeitig wird der Kugelradius kleiner werden. Ist die Kugel bis zum Rillengrund
eingelaufen, ist die instationäre Verschleißphase beendet.
Diese Phase des Bearbeitungsprozesses wird deshalb als in-
stationär bezeichnet, weil sich die Berührungsverhältnisse
zwischen Kugel und Rille permanent ändern.

Nach Beendigung der instationären Verschleißphase beginnt
die stationäre Verschleißphase.

Es wird zunächst die stationäre Phase betrachtet, da sie
bei der Kugelbearbeitung den Regelfall darstellt.

Im folgenden soll nun das Werkzeugverschleißvolumen in Abhängigkeit von der Radiusänderung der Kugel ermittelt wer-
den, wobei die vorher abgeleitete Beziehung $\dot{h}/\dot{r} = f(\vartheta_0)$
(Gl. 5.8) zugrundegelegt wird.

Im Falle $\dot{h}/\dot{r} =$ konstant ergeben sich gerade Rillenflanken
unter dem Winkel $(90 - \vartheta_0)$ zur z-Achse. Die Werkzeugvolu-
men-Änderungsgeschwindigkeit $\dot{V}_S$ erhält man nach Bild 19
mit Hilfe der zeitlichen Ableitung der Rillenquerschnittsfläche $\dot{A}_R$.

$$\dot{V}_S = -2\,\pi\,\Sigma\,R_j\,\dot{A}_R \tag{5.9}$$

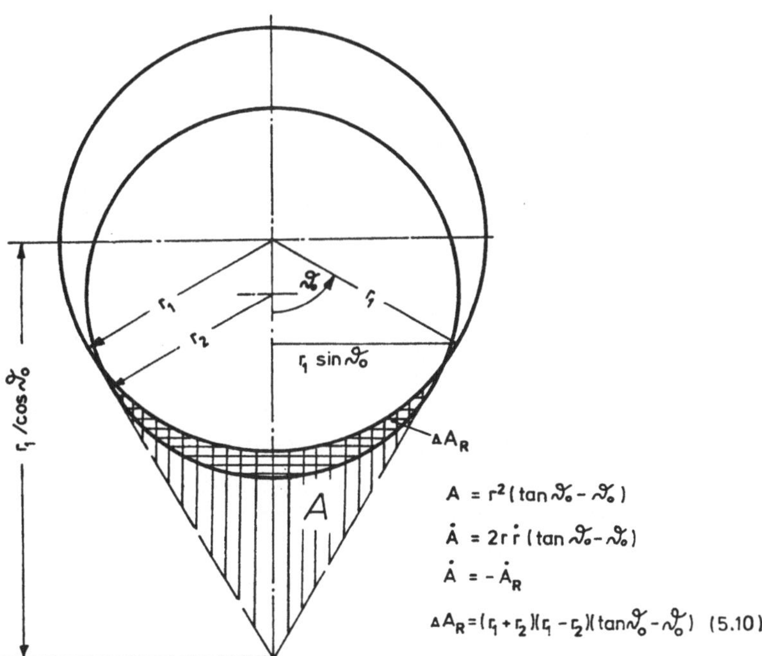

<u>Bild 19:</u> Verschleißquerschnittsfläche in der stationären
Phase der Kugelbearbeitung

$\dot{V}_S$ ist gleich dem Negativwert der zeitlichen Änderung des
Rillenvolumens.

$$\text{Mit } \dot{A}_R = -2\, r\dot{r}\, (\tan \vartheta_0 - \vartheta_0) \qquad (5.10)$$

erhält man:

$$\dot{V}_S = 4\, \pi\, \Sigma\, R_j\, r\dot{r}\, (\tan \vartheta_0 - \vartheta_0) \qquad (5.11)$$

Unter Berücksichtigung der abgeleiteten Beziehung Gl. (5.8)
läßt sich $\dot{V}_S$ auch in Abhängigkeit von der Werkzeugver-
schleißgeschwindigkeit $\dot{h}$ darstellen:

$$\dot{V}_S = 4\pi\, \Sigma\, R\; r\, \dot{h}\; \frac{\cos \vartheta_0}{1 - \cos \vartheta_0}\, (\tan \vartheta_0 - \vartheta_0) \qquad (5.12)$$

5.4 Instationärer Verschleiß

Es wird die Bearbeitung von Kugeln mit gleichem Nennmaß betrachtet.

Die unbearbeitete Kugel hat den Radius r_0. Er wird in der
instationären Phase auf r_1 reduziert. Die fertige Kugel hat
den Radius r_2.
Wird die fertigbearbeitete Kugelcharge der Rille entnommen,
so besitzt die Rille den Rillenradius r_2.
Die Kugeln der nachfolgenden noch unbearbeiteten Kugelcharge
liegen nach dem Zuführen zunächst auf den Rillenkanten auf,
berühren die Scheibe also nur in zwei Punkten.
Im Laufe des Bearbeitungsvorganges läuft die Kugel in die
Rille ein, sie verschleißt die Schleifscheibe. Gleichzeitig
wird der Kugelradius reduziert.

Der instationäre Verschleißvorgang umfaßt die Zeitspanne
die vergeht, bis die Rille der Kugel so weit angepaßt ist,
daß diese sie im Rillengrund berührt. Dabei sind drei

Fälle zu unterscheiden. Der erste Fall ist in Bild 20 dargestellt. Er tritt bei relativ geringer Rillentiefe und hohem spezifischen Rillenverschleiß auf, bei dem sich keine Rillenschräge ausbildet. In diesem Falle ist der Schmiegungswinkel ϑ_0 durch die Rillentiefe begrenzt.

Die Verschleißquerschnittsfläche der Scheibe in der instationärer Verschleißphase kann nach der Formel:

$$\Delta A_{R1} = r_1^2 \left(\varphi_1 - \frac{1}{2}\sin(2\varphi_1)\right) - r_2^2 \left(\varphi_2 - \frac{1}{2}\sin(2\varphi_2)\right) \tag{5.13}$$

ermittelt werden. Mit $\varphi_1 \cong \varphi_2$ und $r_1 - r_2 \ll r$ erhält man die Näherungsgleichung:

$$\Delta A_R \cong 2r_2(r_1 - r_2)\left(\varphi_1 - \frac{1}{2}\sin(2\varphi_1) - \frac{h}{2r}\frac{1-\cos(2\varphi_1)}{\sin\varphi_1}\right) \tag{5.14}$$

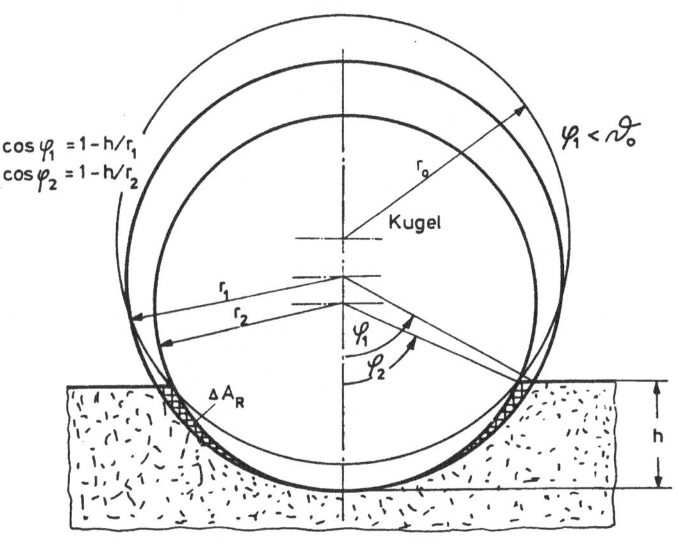

<u>Bild 20:</u> Verschleißquerschnittsfläche (instationärer Verschleiß, 1. Fall), hoher spezifischer Werkzeugverschleiß und geringe Rillentiefe

Der Fall zwei tritt auf, wenn das Kugelaufmaß gering ist und
sich aufgrund eines geringen spezifischen Werkzeugverschleißes in der stationären Phase eine Einlaufschräge ausbildet.
Der Schmiegungswinkel am Ende der instationären Phase ist
durch die Einlaufschräge begrenzt und ist größer als ϑ_0.

In diesem Fall berühren die zugeführten Kugeln der noch unbearbeiteten Kugelcharge zunächst die Rillenflanken in zwei
Punkten. Die Scheibe verschleißt zunächst an den Auflage-
punkten der Kugel. Nach Beendigung der instationären Phase
hat der Schmiegungswinkel ϑ_0 die Rillenkante nicht erreicht,
Bild 21.
Die Formeln zur Ermittlung der Verschleißquerschnittsfläche
sind im Bild 21 angegeben.

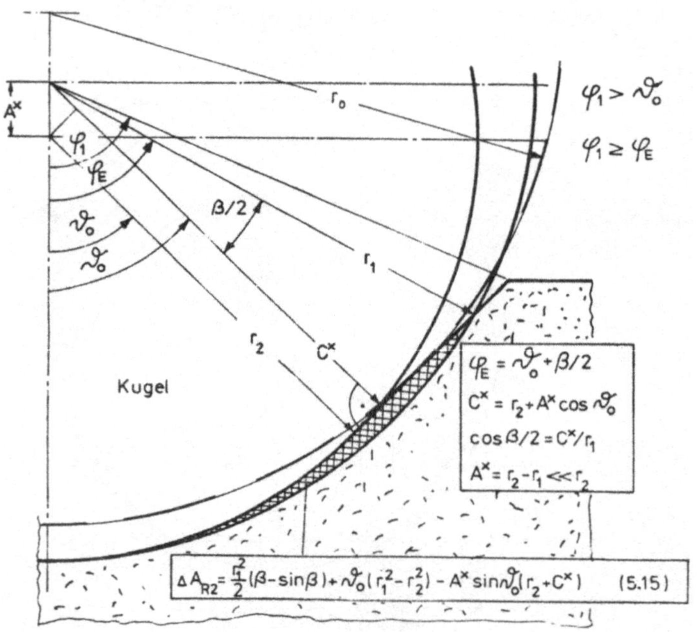

Bild 21: Verschleißquerschnittsfläche (instationärer
Verschleiß, 2. Fall), geringer spezifischer
Werkzeugverschleiß und geringes Kugelaufmaß

Der dritte mögliche Fall tritt bei großem Kugelaufmaß und
geringem spezifischem Werkzeugverschleiß auf. Wie im Fall 2
berühren die zugeführten unbearbeiteten Kugeln die Scheibe
zunächst in zwei Punkten an den Rillenflanken, die sich bei
der Bearbeitung der vorausgegangenen Kugelcharge gebildet
hatten. Nach Beendigung der instationären Phase hat die Kugel die Schleifscheibe soweit verschlissen, daß der Schmiegungswinkel durch die Rillentiefe begrenzt ist. Er ist zu
diesem Zeitpunkt größer als ϑ_0. Die geometrischen Verhältnisse im Orthogonalschnitt sind aus Bild 22 ersichtlich.

Die Verschleißquerschnittsfläche kann mit Hilfe der angegebenen Formeln näherungsweise berechnet werden.

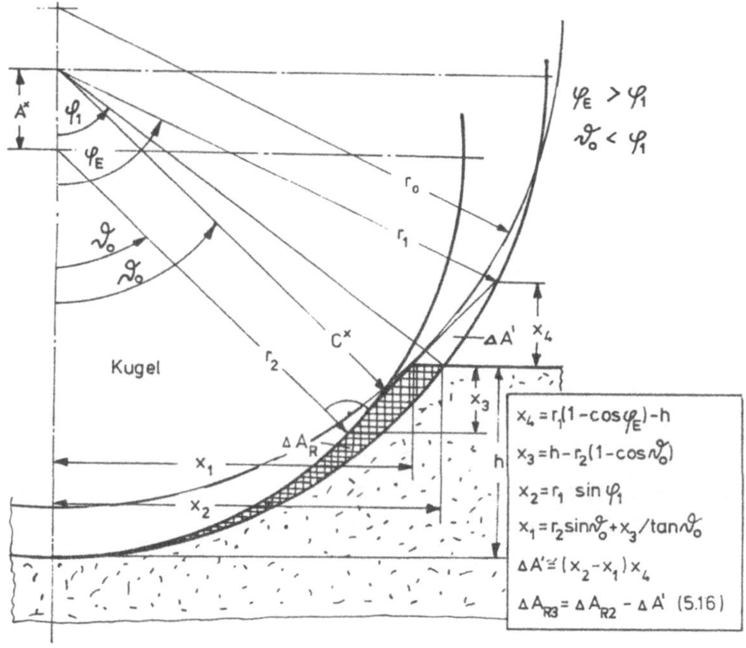

Bild 22: Verschleißquerschnittsfläche (instationärer
Verschleiß, 3. Fall), großes Kugelaufmaß und geringe spezifische Werkzeugverschleißgeschwindig-
keit

Der Aufmaßanteil, der in der instationären Verschleißphase
abgetragen wird, läßt sich mit Hilfe des Verschleißquotien-
tens S ableiten.

$$S = \dot{V}_s / \dot{V}_k$$

Ist S konstant, ergeben sich gerade Rillenflanken unter dem
Winkel ϑ_0 . Bei zeitlicher Änderung von S ändert sich ϑ_0
analog.

Das Zeitspanvolumen einer Kugelcharge $\dot{V}_k$ ergibt sich durch
Ableitung des Kugelvolumens nach der Zeit und Multiplikation
mit der Kugelzahl z.

$$\dot{V}_k = 4 \pi r^2 \dot{r} \, z \tag{5.17}$$

Durch Einsetzen von $\dot{V}_s$, Gl. (5/9), und Auflösen nach $\dot{r}$ erhält
man:

$$\dot{r} = -\Sigma R_j \dot{A}_R /(2 S r^2 z) \tag{5.18}$$

Mit $\quad C = S z r / \Sigma R \quad$ und $\quad \dot{r} = -a_{ri} / \Delta t$

und $\quad \dot{A}_R = \Delta A_R / \Delta t \; (\dot{r}, \dot{A}_R = \text{konstant})$

erhält man:

$$a_{ri} = \Delta A_R /(2 C r) \tag{5.19}$$

a_{ri} ist das in der instationären Phase abgetragene Aufmaß.
Bezeichnet man das in der stationären Phase abgetragene
Aufmaß mit a_{rs} so ergibt sich das Aufmaß a_r zu:

$$a_r = a_{ri} + a_{rs} \tag{5.20}$$

a_{rs} läßt sich als Differenz aus $r_1 - r_2$ ermitteln.

Den Aufmaßanteil a_{ri}/a_r in Abhängigkeit vom relativen Aufmaß a_r/r_2 ermittelt man mit Hilfe der Gleichungen (5.21).

$$\frac{a_{ri}}{a_r} = \frac{\Delta A_R}{2 C r^2} \left(\frac{a_r}{r} \right)^1 \tag{5.21}$$

Setzt man Gl. (5.14) in Gl. (5.21) ein erhält man da $r_1 - r_2 = a_{rs}$, unter Berücksichtigung von Gl. (5.20) Gl. (5.22).

$$\frac{a_{ri}}{a_r} = \frac{K}{C + K} \qquad\qquad (5.22)$$

$$K = (2\varphi_1 - \sin(2\varphi_1) - \frac{h(1-\cos(2\varphi_1))}{r \sin \varphi_1}) / 2$$

Für diesen Fall hängt der Aufmaßanteil a_{ri}/a_r nur von C und h/r ab, da φ_1 durch das Verhältnis h/r bestimmt ist.

Setzt man in Gl. (5.21) je nach dem vorliegenden Verschleißfall für ΔA_R die Werte ΔA_{R1}, ΔA_{R2} oder ΔA_{R3}, die nach Gl. (5.13), (5.14), (5.15) oder (5.16) ermittelt werden ein, erhält man die in den Diagrammen in Bild 23 dargestellten Kurvenscharen.

Es ist zu erkennen, daß der Wert C großen Einfluß auf den Abtragsanteil a_{ri}/a_r besitzt, wobei der Einfluß mit dem Aufmaß wächst.

Für große Werte von C ist a_{ri}/a_r eine Funktion von h/r und C. Der Einfluß von a_r/r ist vernachlässigbar. In diesem Bereich läßt sich a_{ri}/a_r durch die Näherungsgleichung (5.22) ermitteln.

Ist der Wert C sehr klein und $\vartheta_0(C) < \varphi_1$ (Fall 2, Bild 21) ist a_{ri}/a_r von h/r unabhängig. Der Übergangsbereich, der durch Bild 22 beschrieben ist, verschiebt sich für kleine relative Rillentiefen h/r zu kleinen Aufmaßanteilen a_{ri}/a_r.

Aus den Ergebnissen läßt sich schlußfolgern, daß wegen $C = S\,z\,r/ \sum R_j$, der spezifische Schleifscheibenverschleiß S, die Kugelzahl z der Kugelradius r sowie Zahl und Radius der Rillen erheblichen Einfluß auf die Dauer der instationären Verschleißphase besitzen. Das relative Aufmaß a_r/r kann diese Zeit nur geringfügig beeinflussen.

a_{ri}/a_r Aufmaßanteil, der in der instationären Verschleißphase abgetragen wird

a_r/r relatives Aufmaß

$C = S \; z \; r / \Sigma \; R_j$

a_{rs}/a_r Aufmaßanteil, der in der stationären Verschleißphase
abgetragen wird

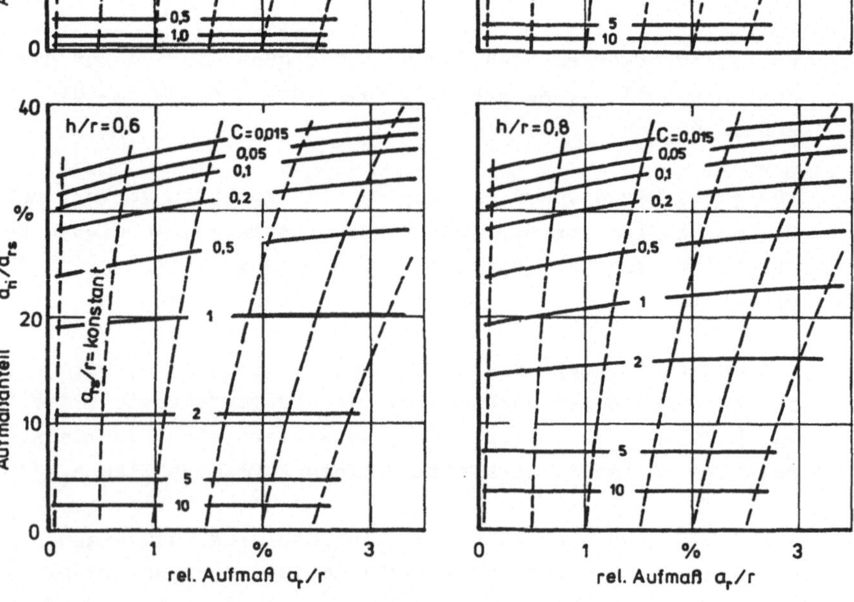

Bild 23: Abtrag während der instationären Verschleißphase
bei der Kugelbearbeitung, bei den Rillentiefen
h/r (0,1; 0,4; 0,6; 0,8)

5.5 Prozeßkennwert der Kugelbearbeitung

Es ist zu erwarten, daß die Kugelform sich ähnlich wie die
Zylinderform beim Honen von Bolzen mit der Zunahme des
Schmiegungswinkels des Werkzeugs verbessert. Er läßt sich
im stationären Fall mit Hilfe der Gleichung (5.8) ermitteln. Daraus folgt, daß gleiche Schmiegungswinkel dann vorliegen, wenn $\dot{h}/\dot{r}$ konstant ist.

In der Schleiftechnik ist der Abtragsquotient G als Quotient aus Abschliff und Schleifscheibenverschleiß allgemein gebräuchlich. In der vorliegenden Arbeit wird der
Kehrwert S nach /P1/ benutzt. Er wird beim Flashen und Läppen analog verwendet.

In Kap. 5.4 wurde die Gl. (5.23) zur Ermittlung des Aufmaß-
anteils a_{r1}/a_r benutzt.

$$S \quad r \quad z/ \textstyle\sum R_j = C \qquad (5.23)$$

Es läßt sich zeigen, daß gleiche Schmiegungswinkel genau
dann vorliegen, wenn das Produkt aus dem spezifischen
Schleifscheibenverschleiß S, der normierten Chargengröße
$z \cdot r$ und dem Kehrwert der abgeleiteten Maschinengröße $\sum R_j$
konstant ist.

Es wird zunächst der Fall betrachtet, in dem die Rille keinen zusätzlichen Einstich enthält.

$$S = \dot{V}_S/\dot{V}_K \qquad (5.24)$$

Setzt man die Gleichungen (5.11) und (5.17) in (5.24) ein,
erhält man:

$$S = \frac{\sum R_j}{z \; r} (\tan \vartheta_0 - \vartheta_0) \qquad (5.25)$$

Nach Umstellung der Gleichungen ergibt sich:

$$S \quad z \quad r/ \textstyle\sum R_j = \tan \vartheta_0 - \vartheta_0 = C \qquad (5.26)$$

Dabei stehen auf der linken Seite bekannte Prozeßgrößen.
Die rechte Seite der Gleichung ist eine Funktion des
Schmiegungswinkels ϑ_0 . Wird ϑ_0 konstant gehalten, liegen
analoge Verhältnisse vor, was zu zeigen war.

C kann als Prozeßkennwert der Kugelfertigung bezeichnet
werden. Bearbeitungsergebnisse sind nur dann vergleichbar,
wenn gleiche Schmiegungswinkel vorliegen. Dies ist bei
gleichen Prozeßkennwerten der Fall.

In vielen Fällen wird die Kugelführungsscheibe mit einem
Einstich im Rillengrund versehen. Auf diese Weise läßt sich
die Einlaufgeschwindigkeit vergrößern. Das, bedingt durch
den Einstich, nicht zu verschleißende Werkzeugvolumen läßt
sich durch die Näherungsgleichung:

$$\dot{V}_E \simeq 2\pi \sum R_j \ (2E) \ \dot{h} \qquad (5.27)$$

angeben. Berücksichtigt man diese in der Gleichung (5.24),
so erhält man Gl. (5.28).

$$S \ z \ r/ \sum R_j = \tan \vartheta_0 - \vartheta_0 - \frac{E}{r} \ \frac{1-\cos\vartheta_0}{\cos\vartheta_0} = C \qquad (5.28)$$

Wie aus Gl. (5.28) zu ersehen ist, hängt der Schmiegungswinkel außer von dem Prozeßkennwert auch noch von der relativen Einstichbreite E/r ab.

Mit E/r = 0, d.h. Rille ohne Einstich ergibt sich Gleichung (5.26).

Den Verlauf des Prozeßkennwertes C in Abhängigkeit vom
Schmiegungswinkel ϑ_0 und der relativen Einstichbreite E/r
zeigt Bild 24. Wie dem Diagramm zu entnehmen ist, läßt
sich der Berührwinkel zwischen Rille und Kugel durch den
Einstich nicht vergrößern. Wenn ϑ_0 durch Vergrößerung von
E/r wächst, so ist zu berücksichtigen, daß bedingt durch
den Einstich Kontaktlinie verloren geht. Trotzdem kann dies

sinnvoll sein, weil dadurch der Abrollradius der Kugel reduziert und das Reibmoment erhöht wird.

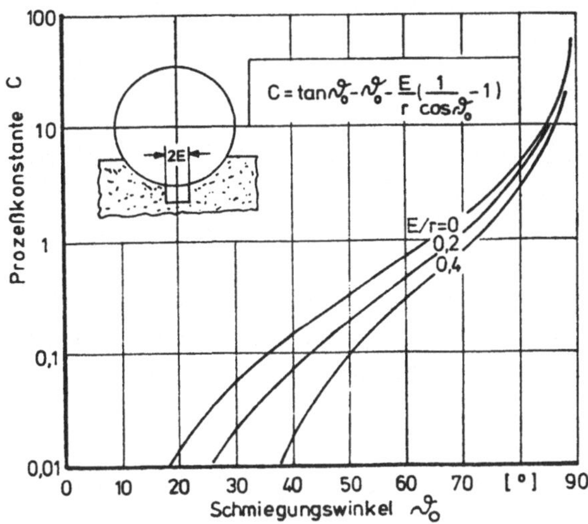

Bild 24: Verlauf des Prozeßkennwertes C in Abhängigkeit
vom Schmiegungswinkel ϑ_o und der relativen
Einstichbreite E/r

Mehrrillen-Maschinen, die mit Speicher ausgerüstet sind,
erlauben eine Erhöhung der Kugelcharge. Dadurch ist es möglich den Prozeßkennwert C und damit den Schmiegungswinkel
zu erhöhen.

Allgemein gelten folgende Abhängigkeiten:

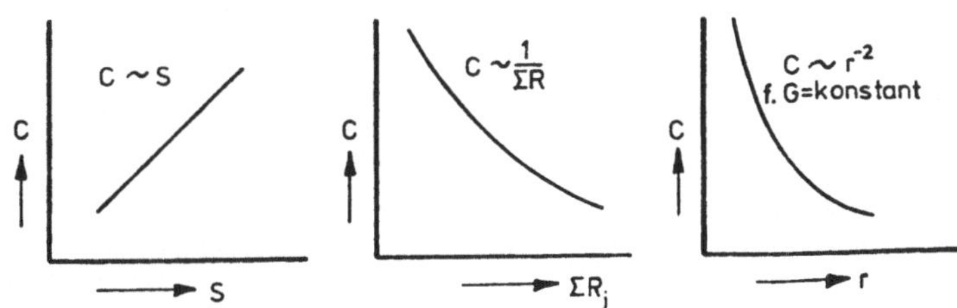

Bild 28: Qualitativer Einfluß der Prozeßparameter S,
ΣR_j, r auf den Prozeßkennwert C

Da C mit dem Quadrat des Kugelradius abnimmt, muß man um
gleiche Schmiegungswinkel zu erhalten, den spezifischen
Verschleiß S erhöhen, also stärker verschleißende Werkzeuge einsetzen. Das heißt beim Schleifen weichere Schleifscheiben bei Läppen (vgl. Bild 15) härtere Läppscheiben.
Gegenläufig wirkt die Reduktion von $\sum R_j$ für wachsende
Kugelradien, denn bei gleichen Scheibenabmessungen ist
$\sum R_j$ in etwa umgekehrt proportional dem Kugelradius.

Daraus läßt sich die Schlußfolgerung ableiten:

Soll der Schmiegungswinkel bei der Kugelbearbeitung für verschiedene Kugeldurchmesser konstant gehalten werden, ist
dies bei konstanter Rillenzahl möglich:

a) bei gleichem Chargengewicht durch eine Erhöhung des
   spezifischen Werkzeugverschleißes entsprechend der
   Formel:

$$S_2/S_1 = (r_2/r_1)^2 \quad \text{oder} \tag{5.29}$$

b) bei gegebenem spezifischen Werkzeugverschleiß durch eine
   Erhöhung des Chargengewichtes G entsprechend der Formel:

$$G_2/G_1 = (r_2/r_1)^2 \tag{5.30}$$

c) Berücksichtigt man alle Paramenter nach Gleichung (5.23),
   so erhält man gleiche Schmiegungswinkel, wenn:

$$S_1 \, r_1 \, z_1 \sum R_{2j} = S_2 \, r_2 \, z_2 \, \sum R_{1j} \tag{5.31}$$

$$\text{bzw.} \quad S_1 \, G_1 \, r_2^2 \, \sum R_{2j} = S_2 \, G_2 \, r_1^2 \, \sum R_{1j} \tag{5.32}$$

Will man bei geringem spezifischen Werkzeugverschleiß S
große Prozeßkennwerte erreichen, so ist dies für eine bestimmte Maschine nur durch Vergrößerung der Kugelcharge
möglich.

In der Praxis muß in der Regel ein Kompromiß zwischen Maschinengröße, Chargengröße und Werkzeugverschleiß gefunden werden. Es ist zu erwarten, daß die Bearbeitungszeit mit steigendem Prozeßkennwert abnimmt. Infolgedessen sinken die zeitabhängigen Fertigungskosten. Die Chargengröße ist durch das Speichersystem festgelegt. Eine Erhöhung des Prozeßkennwertes ist dann bei gegebenen Scheibenabmessungen nur durch Erhöhung des spezifischen Scheibenverschleißes möglich, wodurch die Werkzeugkosten steigen. Für den Einzelfall ist daher zu ermitteln, wo das Kostenminimum liegt.

5.6 Experimentelle Ermittlung der Rillenquerform

Ziel der Versuche war es, den Zusammenhang nach Gl. (5.8) und (5.23) experimentell zu bestätigen.

Die Versuche wurden auf einer einrilligen Schleifmaschine KSH 720 durchgeführt. Die Kugelanzahl und die Normalkraft wurden bei insgesamt 11 Einzelversuchen variiert. Dabei kamen die Schleifscheiben 13A 150 Z3-4 V103 und 13A 150 S10 V103 zum Einsatz.

Der Kugeldurchmesser war bei allen Versuchen etwa gleich und betrug ca. 48 mm. Zur Ermittlung des Kugeldurchmessers und der Rillenquerform wurde die Maschine nach bestimmten Zeitintervallen angehalten. Nach dem Entfernen der Kugeln wurde ein kreisförmiges Kunststoffplättchen mit 50 mm Durchmesser, das an einer Haltevorrichtung befestigt war, in die Rille gepreßt. Das sich abbildende Rillennegativ konnte ausgemessen werden. Für jeden der Einzelversuche wurde eine Meßreihe aufgenommen.
Durch Planimetrieren der Rillennegative wurde die Rillenquerschnittsfläche A_R ermittelt. Das Rillenvolumen errechnet sich nach der Gl. $V_R = 2 \sum R \, A_R$. Die Diagramme in den Bildern 26 und 27 zeigen die Versuchsergebnisse.

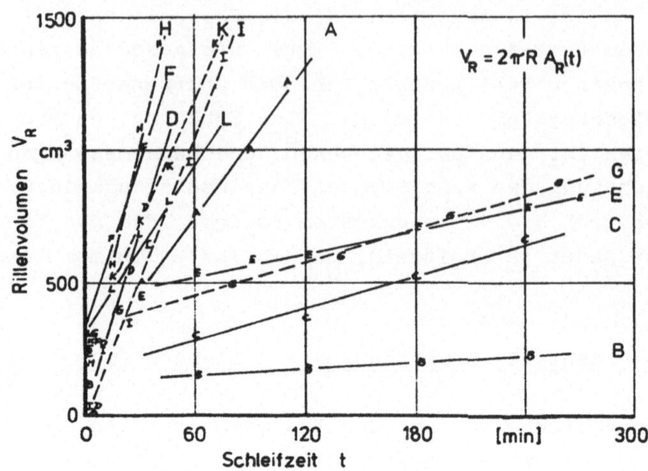

Bild 26: Rillenvolumen in Abhängigkeit von der Zeit für die Einzelversuche A bis L

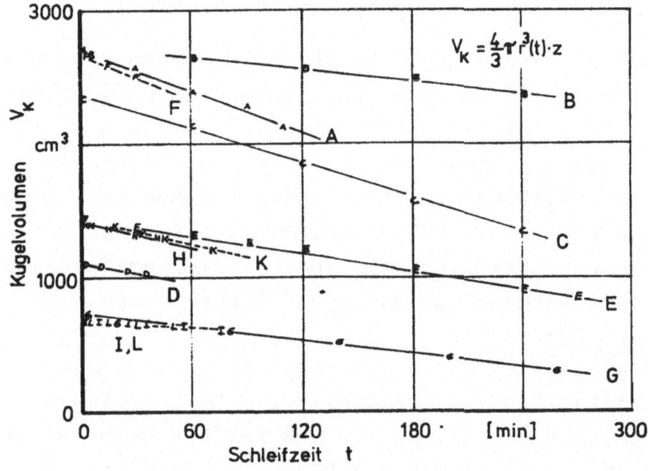

Bild 27: Kugelvolumen in Abhängigkeit von der Zeit für die Einzelversuche A bis L

Bei den Versuchen zeigte sich, daß zwischen der ersten und
der zweiten Messung bei nahezu allen Einzelversuchen eine
größere Änderung des Rillenvolumens V_R und eine kleinere
Änderung des Kugelvolumens V_K als bei den übrigen Werten
vorlag. Diese Erscheinung ist mit einem erhöhten Einlaufverschleiß zu begründen. Beim Einlaufen (instationärer Verschleiß) treten hohe Flächenpressungen auf, die zu einem
Zusammenbruch des Schleifscheibengefüges führen. Dies macht
sich durch einen hohen Schleifscheibenverschleiß bei redu-
ziertem Abschliff bemerkbar. Der erste Meßwert jeder Einzel-
messung ist deshalb bei der Ermittlung der Regressions-
geraden nicht berücksichtigt. Der erhöhte Einlaufverschleiß
an der Schleifscheibe ist in der Praxis wünschenswert, um
schnell die stationäre Phase zu erreichen. Beim Flashen und
Läppen besitzen die Scheiben einen höheren Verschleißwiderstand. Mit einer Verkürzung der instationären Phase ist bei
diesen Verfahren nicht zu rechnen.

Aus den Diagrammen in den Bildern 26 und 27 lassen sich
die Schleifscheibenvolumen-Änderungsgeschwindigkeit $\dot{V}_S$ und
das Zeitspanvolumen $\dot{V}_K$ und somit der spezifische Schleifscheibenverschleiß S ermitteln.
Da die Kugelzahl, der Kugelradius und der Teilkreisradius
der Rille bekannt sind, läßt sich für jeden Versuch der Prozeßkennwert C errechnen. Aus dem Diagramm in Bild 24 erhält
man damit den rechnerisch ermittelten Schmiegungswinkel ϑ_0 .
Bei der Auswertung der Rillenprofile zeigte sich, daß sich
an den Rillenflanken in den meisten Fällen gerade Einlauf-
schrägen gebildet hatten. Da die erzeugten Plättchen das
Negativbild der Rille zeigten, konnten sie direkt als Scha-
blone für die Übertragung der Rillenquerform auf Papier benutzt werden, wie im Bild 28 dargestellt ist.
Die nach diesem Verfahren mit dem Winkelmesser ermittelten
Schmiegungswinkel sind in Tabelle 1 angegeben.
Die errechneten und gemessenen Schmiegungswinkel müssen
übereinstimmen, wenn die Gleichungen (5.8) und (5.23) die
Realität abbilden.

Versuch	Schleifscheibe	Normalkraft/Kugel [N]	Kugelanzahl [stück]	Kugeldurchmesser [mm]	ϑ_0 (gemessen) [°]	$\dot{V}_S$ [cm³/min.]	$\dot{V}_K$ [cm³/min.]	S [cm²/cm³]	C [1]	ϑ_0 (rechnerisch) [°]
A	S10	2.000	23	48	85	16.950	2.780	6.100	10.60	85
B	Z 3	2.000	23	48	(70)	0.745	0.796	0.935	1.63	70
C	Z 3	3.200	23	46	73	3.710	2.230	1.670	2.78	75
D	S10	3.500	12	44	88	43.700	1.550	28.100	23.40	88
E	Z 3	3.500	12	48	72	2.920	1.140	2.550	2.31	73
F	S10	3.200	23	48	85	49.600	2.730	18.200	31.60	88
G	Z 3	4.000	6	48	73	4.140	0.781	5.300	2.40	74
H	S10	3.500	12	48	89	61.100	1.760	34.600	31.40	88
I	S10	4.000	6	48	86	35.100	0.897	39.200	17.80	87
K	S10	2.300	12	48	84	31.800	1.750	18.100	16.40	87
L	S10	2.500	6	48	74	20.600	0.533	38.700	17.50	87

Z3 = 13A 150 Z3-4 V103
S10 = 13A 150 S10 V103

<u>Tabelle 1:</u> Ergebnisse der Einzelversuche zur Ermittlung
der Rillenquerform und der Prozeßkenngröße C

In Bild 27 sind die gemessenen und rechnerisch ermittelten Werte von ϑ_0 in einem Koordinatensystem gegeneinander aufgetragen. Es ist zu erkennen, daß die Werte gut korrelieren, wobei die gemessenen Werte im Durchschnitt kleiner sind als die errechneten. Der Wert L ist ein Ausreißer. Der Verlauf des Rillenvolumens bei L zeigt in der Endphase einen degressiven Verlauf, das Negativbild der Rille zwei Schrägen. Dies ist offensichtlich auf eine Störung des Bearbeitungsprozesses zurückzuführen.

Von dem Ausreißer abgesehen bestätigen die Ergebnisse den Zusammenhang zwischen dem Prozeßkennwert, dem Schmiegungswinkel ϑ_0 , der Kugelanzahl z, dem Kugelradius r und dem Rillenteilkreisdurchmesser R in der in Gl. (5.25) angegebenen Form für das Schleifen von Kugeln.

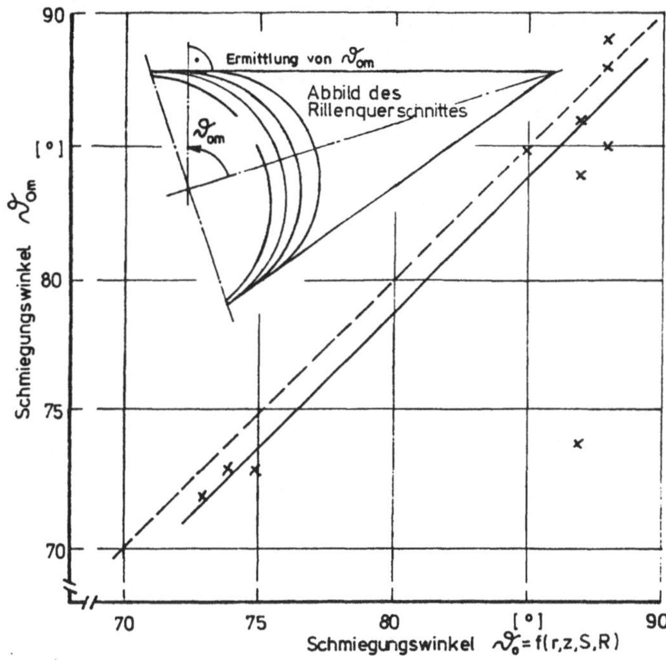

<u>Bild 28</u>: Korrelation zwischen den direkt gemessenen und den
aus den Prozeßparametern errechneten Werten für ϑ_o
bei den Versuchen A bis L

Die ermittelten hohen Schmiegungswinkel werden nur bei
Schleifscheiben erreicht. Beim Läppen und Flashen besitzen
die Werkzeuge einen höheren Verschleißwiderstand. Da V_K
beim Flashen um den Faktor 10 größer als beim Schleifen
ist, vgl. Bild 9, ist damit zu rechnen, daß sich bei diesem Verfahren ein geringerer Schmiegungswinkel einstellt.

6. KONTAKTFLÄCHENGEOMETRIE ZWISCHEN KUGEL UND RILLE

Zur Ermittlung des Reibmomentes der Kugel in einer Rille
ist die Kenntnis der Druckkraftverteilung eine wichtige
Voraussetzung.

6.1 Experimentelle Ermittlung der Druckflächenform

6.1.1 Rillenschmiegung für Schleifscheibe und Führungsscheibe

Bei der Druckflächenform spielt die Rillenschmiegung eine
entscheidende Rolle. Um diese zu ermitteln, wurden Rille
und Kugel mit einem Conturographen aufgezeichnet. Das Ergebnis zeigt Bild 29.

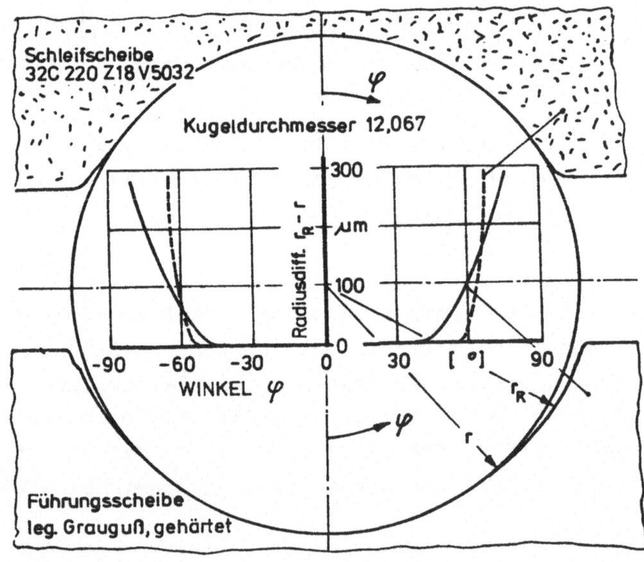

<u>Bild 29:</u> Rillenschmiegung zwischen Kugel und Schleifscheibe sowie Kugel und Führungsscheibe

Die Kugelkontur und die Rillenkontur wurden im Maßstab
50 : 1 auf halbtransparentes Papier aufgezeichnet. Da die
Papierbreite gerätebedingt auf 250 mm begrenzt ist, konnte
nur eine relativ kleine Kugel untersucht werden. Ausgewählt
wurde eine Kugel mit 12,067 mm Durchmesser. Die Rillentiefe
in der Führungsscheibe betrug 4,54 mm, in der Schleifscheibe 3,55 mm.

Bei einer Ablesegenauigkeit von 0,2 mm beträgt die Meßgenauigkeit 4 μm . Nachdem Rillenkontur und Kugelkontur auf
dem halbtransparenten Papier zur Deckung gebracht wurden,
konnte die Abweichung der Rillenquerform vom Kugelgroßkreis
ermittelt werden. Der Schmiegungswinkel ϑ_0 ist dort, wo sich
im Bild 29 die Rillenkontur vom Kugelgroßkreis löst. Die
Messung zeigt, daß ϑ_0 bei der Schleifscheibe zwischen 55°
und 60°, bei der Führungsscheibe bei ca. 45° liegt. Im Rillengrund sind Kugelradius und Rillenradius identisch. Dies
bestätigt die Gültigkeit der in Kap. 5.2 abgeleiteten Gleichungen.
Sind Kugel- und Rillenradius gleich groß, lassen sich die
Form der Druckfläche und die Lastverteilung nicht nach
Hertz berechnen.

6.1.2 Ermittlung der Druckflächenform

Es wurde deshalb nach Möglichkeiten gesucht,die Druckflächenform experimentell zu ermitteln. Zur Ermittlung von
Druckkräften in Kontaktflächen sind nach /S9/ folgende Verfahren bekannt:

- Abdruckverfahren: Blaupapierverfahren
                    Elringverfahren (Blaupapier)
                    Druckmeßpapier einlagig
                    Fuji Druckmeßfolie (DMF) zweilagig

- Elektrische Ver-   Kondensatormatte
  fahren: Piezo-Verfahren

Da die Abdruckverfahren und die elektrischen Verfahren zur
Sichtbarmachung eine Zwischenlage endlicher Dicke benötigen ,
sind sie zur Bestimmung der Druckflächenform unbrauchbar,
denn die endliche Dicke wirkt wie eine Änderung des Rillenradius, was bei gleichen oder nahezu gleichen Radien von
Kugel und Rille zu einer Fehlanzeige führt. Zwar wird der
Fehler durch das elastische Verhalten von Werkstück und
Werkzeug gemindert, doch wurde, um Fehlermöglichkeiten aus-
zuschalten, keines der angegebenen Verfahren eingesetzt.

Verfahren, die die beschriebenen Fehlermöglichkeiten aus-
schalten, sind:

- Abdruckverfahren mit viskosem Medium,
- Abgußverfahren,
- Folienabguß,
- Spannungsoptische Verfahren.

Durch die Verwendung viskoser Medien wird eine Beeinflussung des Rillen- oder Kugelradius ausgeschlossen. Eine Bewertung der vier Verfahren zeigt Tabelle 2.

KRITERIUM	ABDRUCKVERFAHREN	FOLIEN-ABGUSS	ABGUSS-VERFAHREN	SPANNUNGS-OPTISCHE VERFAHREN
Reproduzierbarkeit	befriedigend	sehr gut	sehr gut	nicht gesichert
Handhabung	sehr gut	sehr gut	gut	schwierig
Rückwirkung	keine	keine	keine	keine
Anschaulichkeit	sehr gut	sehr gut	sehr gut	gering
Auflösungsvermögen	befriedigend	befriedigend	befriedigend	-
Störungsanfälligkeit	hoch	gering	gering	-
Auswertbarkeit	mangelhaft	gut	befriedigend	schwierig
Versuchsdauer	1 Minute	5 - 60 Min.	5 - 60 Min.	-

Tabelle 2: Bewertung der Verfahren zur Ermittlung der
Druckflächenform

Aufgrund der hohen Reproduzierbarkeit und der geringen
Störanfälligkeit wurden der Folienabguß und das Abgußverfahren ausgewählt, da auch spannunsoptische Verfahren zu
keinem befriedigenden Ergebnis führten.

Beim Abdruckverfahren mit viskosem Medium wird die Rille
dünn mit Tuschierblau eingestrichen, wodurch sich an der
Kontaktfläche die Farbe auf die Kugel überträgt. Der Nach-
teil ist, daß kleinste Relativbewegungen der Kugel zu
einer Verfälschung des Ergebnisses führen.

Beim Abgußverfahren wird die Rille auf beiden Seiten der
Kontaktstelle mit Plastilin so abgesperrt, daß das viskose
Gießharz nicht wegfließen kann. Die Kontaktstelle wird mit
einem Trennmittel behandelt. Nachdem das Gießharz einge-
füllt ist, legt man die Kugel in die Rille und belastet
sie. Nach dem Aushärten kann sie samt Abguß aus der Rille
entnommen werden. An der Kontaktstelle ist die blanke Kugeloberfläche und damit die Form der Druckfläche erkenn-
bar, Bild 30.

Für den Folienabguß wird eine niedrigviskose, elastische
Silikon-Kautschuk-Abformmasse verwendet. Nachdem Kugel und
Rille mit einem Trennmittel behandelt wurden, bestreicht
man die Kugel an der Kontaktstelle dünn mit der Abform-
masse und drückt sie mit einer definierten Kraft in die
Rille. Nach dem Vulkanisieren wird die Kugel entfernt. An
der Kontaktstelle ist die Folie durchsichtig oder/und
durchscheinend und zeigt die Form der Druckfläche. Die Folie läßt sich in die Ebene abwickeln und deshalb bequem
ausmessen und darstellen, Bild 30.

Die Versuche wurden unmittelbar nach Beendigung des
Schleifvorganges mit den geschliffenen Kugeln durchgeführt, so daß Kugel und Rille den gleichen Radius besaßen.

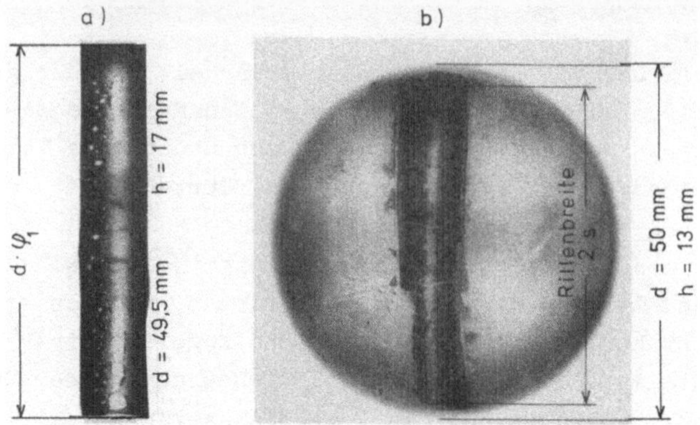

Schleifscheibe: 13A 150 S10 V103

Bild 30: Form der Druckfläche zwischen Rille und Kugel
      a) Durchlichtaufnahme der abgewickelten Folie
      b) Bild der Kugel mit Abguß nach Entfernung
         überflüssiger Materialteile

Neben den in Bild 30 dargestellten Druckflächen wurde eine
Reihe weiterer Abgüsse und Folien hergestellt, die alle das
gleiche Ergebnis zeigten: Die Druckfläche ist langgestreckt
und näherungsweise rechteckförmig.

Bei genauer Untersuchung stellt man fest:

- Die Druckfigur erscheint an den Enden breiter als in der
  Mitte.
- Die Druckfigur wird beidseitig kreisförmig abgeschlossen.
- Das eine Ende der Druckfigur läuft nicht bis zur Rillen-
  kante.

Daß das eine Ende der Druckfigur nicht bis zur Rillenkante
läuft, wird damit begründet, daß es bei der Bearbeitung der
Kugeln hin und wieder vorkam, daß die Kugeln im Führungsscheibenausschnitt bedingt durch die Fliehkraft oder nachfolgende Kugeln etwas angehoben wurden und vom Führungs-
scheibeneinlauf zurück in die Rille gedrückt werden mußten,
wodurch die Rillenkante stärker verschliß.

Die abgerundete Druckfläche zeigt, daß die Streckenlast in
der Kontaktlinie harmonisch auf Null zurückgeht. Eine rechteckige Begrenzung der Druckfläche würde auf Kantenpressung
hindeuten.

Für die an den Druckflächenenden breiter erscheinende
Druckfigur kommen folgende Ursachen in Frage:

- Formungenauigkeit von Kugel oder Rille.

- Beim Belasten, Entlasten und Entformen ist die Relativbewegung zwischen Kugel und Rille an den Rillenflanken
  größer als im Rillengrund, wodurch an den Rillenflanken
  Material vom Abguß abgetragen wird und damit die Druckfläche breiter erscheint.

- Die Reibkraft an den Rillenflanken als Folge der Relativbewegung bei der elastischen Verformung wirkt der Belastung entgegen, was eine niedrigere Belastung im Rillengrund zur Folge hat.

- Die Kugelbelastung entsprach nicht der Normalkraft beim
  Schleifen, d.h. die Kugel wurde nicht weit genug in die
  Rille gepreßt.

- Aufgrund der beim Kugelschleifen vorliegenden kinetischen
  und kinematischen Verhältnisse verschleißt die Schleifscheibe so, daß eine Druckfigur entsteht, wie sie experimentell ermittelt wurde.

Für die Ermittlung des Reibmomentes und der Kugeldrehachse
sind geringfügige Abweichungen der Druckfläche von der
Rechteckform, wie sie an den Druckflächenenden auftreten,
vernachlässigbar.

6.2 Hertz'sche Flächenpressung

Über die Berührung elastischer Körper sind zahlreiche Veröffentlichungen bekannt /u.a. H3, S5, W2, W3, B4, S10, G5,
Z2, F7/. Hertz /H3/ hat für isotrope, elastische Körper,
deren Berührungsfläche sehr klein ist im Verhältnis zu
ihrer Oberfläche und auf die ein senkrechter Druck wirkt,
Formeln abgeleitet, die die Ermittlung der Druckfigur, der
Druckfläche und die in dieser wirkenden Druckkräfte ermöglichen. Die Gültigkeit des Hook'schen Gesetzes ist für die
Anwendung der Formeln Voraussetzung.

Die Form der Druckfläche ist im allgemeinen eine Ellipse
mit den Halbachsen a und b, die nach Hertz wie folgt ermittelt werden können:

$$a = \mu K \qquad b = \nu K \qquad\qquad (6.1)$$

$$\text{worin } K = \sqrt[3]{\frac{3 F_N (\vartheta_1 + \vartheta_2)}{8 (\vartheta_{11} + \vartheta_{12} + \vartheta_{21} + \vartheta_{22})}}$$

ϑ_{ij} sind die Krümmungen der Körper i in der Ebene j

$$\vartheta_i = 4 \, (m_1^2 - 1)/(E_1 \, m_1^2)$$

E_1 Elastizitätsmodul des Körpers i

m_1 Verhältnis von Dehnung und Querkontraktion des Kör-
      pers i

μ, ν sind die Hertz'schen Beiwerte, die sich aus dem Kosi-
      nus des Hilfswinkels τ ableiten, der aus den Krümmun-
      gen ϑ_{ij} ermittelt werden kann.

Nach /E3/ gilt:

$$\cos \tau = \frac{\vartheta_{11} - \vartheta_{12} + \vartheta_{21} - \vartheta_{22}}{\vartheta_{11} + \vartheta_{12} + \vartheta_{21} + \vartheta_{22}}$$

Die dem Wert $\cos \tau$ zugeordneten Werte von μ und ν sind
tabelliert und können /H3, E3/ entnommen werden.

Die Lastverteilung in der Druckfläche ermittelt man mit
Hilfe der Gleichung (6.2).

$$p(x,y) = \frac{3 F_N}{2 \pi a b} \sqrt{1 - \frac{x^2}{a^2} - \frac{y^2}{b^2}} \qquad (6.2)$$

Die Druckfläche und die Lastverteilung bei der Berührung
zweier Zylinder mit paralleler Achse läßt sich mit den angegebenen Formeln nicht ermitteln. Für diesen Fall mit
$\rho_{12} = \rho_{22} = 0$ und für $\cos \tau = 1$ geht μ gegen ∞ und ν
gegen 0.

Für einen unendlich langen Zylinder ergibt sich nach Hertz
ein Rechteck als Druckfläche mit der Breite 2 b.

$$b = \sqrt{\frac{q}{\pi \, \Sigma \, \rho_{ij}} \, (\vartheta_1 + \vartheta_2)}$$
$$q = F_N / l \qquad (6.3)$$

Im gewählten Koordinatensystem ist, bezogen auf die Schleifscheibe, die x-Achse radial nach außen gerichtet und zeigt
damit in Richtung der großen Halbachse der Druckfläche. Die
y-Achse stellt eine Tangente an den Teilkreis der Rille dar
und zeigt in Richtung der kleinen Halbachse.

Die Lastverteilung in der Druckfläche ermittelt man mit
Hilfe der Gl. (6.4).

$$p(y) = \frac{2 q}{\pi b} \sqrt{1 - \frac{y^2}{b^2}} \qquad (6.4)$$

6.3 Flächenpressung im Axial-Rillenkugellager

Die Berührung von Kugel und Rille bei der Kugelbearbeitung
nach dem SKR-Prinzip entspricht in erster Näherung der in
einem Axialrillenkugellager. Während die Form der Druckfläche für Wälzlager in vielen Fällen rechnerisch und experimentell untersucht wurde /K2, S5, S3, B4, P2/ liegen
analoge Erkenntnisse für die Kugelbearbeitung nicht vor.
Die Ergebnisse der Wälzlagerforschung zeigen, daß die mit
den Hertz'schen Gleichungen ermittelten Werte auch dann
gut mit den gemessenen übereinstimmen, wenn einige Voraussetzungen von Hertz nicht voll erfüllt sind:

Stahl ist kein isotroper Werkstoff und aufgrund relativ
enger Schmiegung zwischen Kugel und Rille ergeben sich
räumlich gekrümmte Druckflächen, deren Abmessungen nicht
mehr klein sind gegenüber den Kugelabmessungen. Ferner wirken zwischen Kugel und Rille neben Normalspannungen auch
Schubspannungen, die durch Reibung hervorgerufen werden.

Diese Erkenntnisse der Wälzlagerforschung werden bei der
Ermittlung der Kontaktgeometrie beim Kugelschleifen berücksichtigt.

6.4 Mathematische Formulierung einer Lastverteilung im Kugel-Rillen-Kontakt

Für Fälle in denen Hertz'sche Pressung vorliegt, gelten
die Gleichungen (6.2) und (6.4). In diesem Falle ist die
räumliche Ausdehnung der Druckfläche gering. Schubspannungen in der Druckfläche, infolge von Relativbewegungen,
treten bei statischer Belastung der Kugel praktisch nicht
in Erscheinung.

In räumlich gekrümmten Druckflächen, deren räumliche Ausdehnung gegen dem Kugeldurchmesser nicht vernachlässigt
werden kann, wirken neben Normalspannungen auch Schubspannungen, Bild 31, die der Normalkraft F_N entgegenwirken.

Die Normalkraft ergibt sich nach Gl. (6.5) als Summe aller
Normal- und Schubkraftkomponenten in Richtung von F_N.

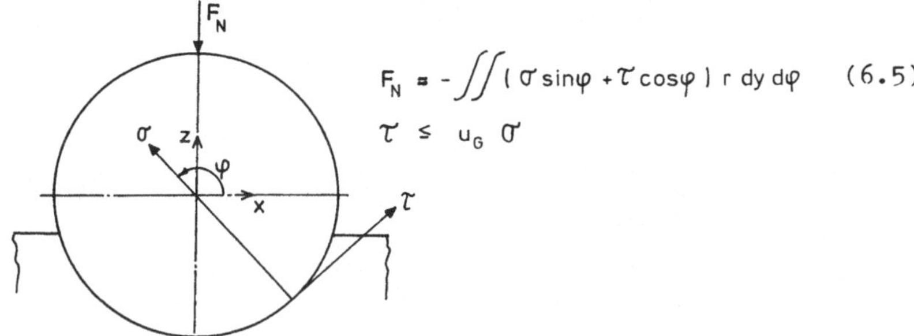

$$F_N = -\iint (\sigma \sin\varphi + \tau \cos\varphi)\, r\, dy\, d\varphi \qquad (6.5)$$

$$\tau \leq u_G\, \sigma$$

rechtsdrehendes Koordinatensystem x,y,z

<u>Bild 31</u>: Spannungen in der Druckfläche Kugel/Rille

Für die weiteren Überlegungen kann man davon ausgehen, daß
die Schubspannungen vernachlässigt werden können, da die
Druckfläche sehr schmal ist und Schubspannungen nach Bild 31
durch die Kugelbewegung abgebaut werden. Sind die Hertz'-
schen Gleichungen gültig, läßt sich die Druckverteilung für
den allgemeinen Fall einer elliptischen Druckfläche wie
folgt angeben:

$$p(x,y) = p_0 \sqrt{1 - \frac{x^2}{a^2} - \frac{y^2}{b^2}} \qquad (6.6)$$

$$\text{mit} \qquad p_0 = F_N \Big/ \left(\iint \sqrt{1 - \frac{x^2}{a^2} - \frac{y^2}{b^2}}\, dx\, dy\right) \qquad (6.7)$$

Durch die Integration über die Druckflächenbreite erhält
man die Streckenlast $q(x)$ in der Kontaktlinie:

$$q(x) = p_0 \frac{\pi}{2} b \left(1 - \frac{x^2}{a^2}\right) \qquad (6.8)$$

Für räumlich gekrümmte elliptische Druckflächen erhält man :

$$q(\varphi) = q_0 \left(1 - \frac{\varphi^2}{\vartheta_0^2}\right) \quad , \qquad (6.9)$$

wenn φ wie ϑ_0 von der z-Achse aus gerechnet wird, vergl.
Bild 16.

Für den Ellipsenrand gilt:

$$1 - \frac{x^2}{a^2} = \frac{y^2}{b^2} \qquad (6.10)$$

Eingesetzt in Gl. (6.8) erhält man für elliptische Druckflächen:

$$q(x) = \frac{p_0 \pi}{2\,b}\, y^2 \qquad (6.11)$$

Hieraus folgt, daß die Streckenlast proportional dem Quadrat der Druckflächenbreite ist.

Eine analoge Beziehung ergibt sich aus Gl. (6.3) für eine
rechteckförmige Druckfläche. Daraus läßt sich allgemein
schlußfolgern, daß die Streckenlast bei konstanter Last F_N
und bei zeitlich unveränderlicher Krümmung ϱ_{ij} der sich
berührenden Körper dem Quadrat der Druckflächenbreite proportional ist.

$$q(x) \sim b^2(x)$$

Dies gilt unabhängig von der Form der Druckfläche.
Aus der Druckflächenform läßt sich also die Lastverteilung
in der Kontaktlinie ableiten.

In der räumlich gekrümmten Kontaktlinie zwischen Kugel und
Rille gilt:

$$q(\varphi) \sim b^2(\varphi)$$

Daraus folgt, unter Berücksichtigung der in Bild 30 dargestellten Druckflächen, daß $q(\varphi)$ bei der Berührung von
Kugel und Schleifscheibenrille konstant ist. Das beidseiti-
ge kreisförmige Ende der Druckfläche bleibt dabei unberücksichtigt, da es das Ergebnis nur unwesentlich beeinflussen
würde.

Will man in einem rechnerischen Ansatz auch Druckflächenformen berücksichtigen, die zwischen Ellipse und Rechteck

liegen, gelingt dies mit folgendem Ansatz indem man den
Lastexponenten L einführt:

$$q(\varphi') = q_0 \left(1 - \frac{\varphi'^2}{\vartheta_0^2}\right)^L \qquad 0 \leq L \leq 1 \qquad (6.12)$$

Für L = 0 ergibt sich eine rechteckige, für L = 1 eine
elliptische Druckfläche.

$$q_0 = F_N \Big/ \left(\int_{-\vartheta_0}^{\vartheta_0} \left(1 - \frac{\varphi'^2}{\vartheta_0^2}\right)^L \cos\varphi'\, r\, d\varphi'\right) \qquad (6.13)$$

Bild 32 zeigt die normierte Lastverteilung und die normierte Druckflächenbreite für verschiedene Lastexponenten.

Im folgenden wird für $\varphi' = \varphi - \varphi_{0i}$ und für $\vartheta_0 = \varphi_{Ei} - \varphi_{0i}$
bzw. $\vartheta_0 = \varphi_{Ai} - \varphi_{0i}$ gesetzt. φ_{Ai} definiert den Druckflächenan-
fang, φ_{0i} die Druckflächenmitte und φ_{Ei} das Druckflächen-
ende für den Werkzeugteil 1.

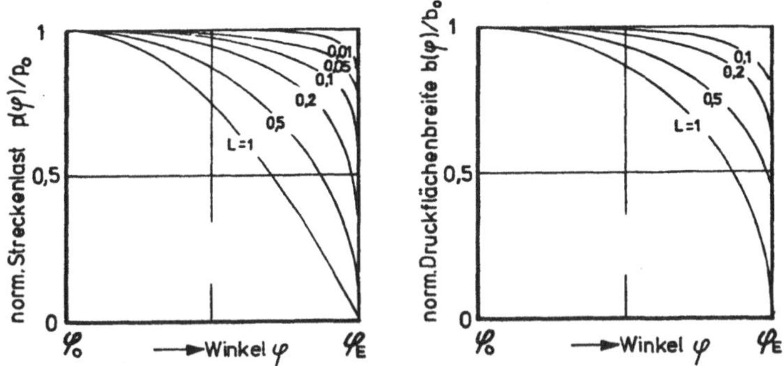

<u>Bild 32:</u> Normierte Lastverteilung und normierte Druckflä-
chenbreite für verschiedene Lastexponenten

6.4.1 Orthogonale zentrische Normalkraft

Für mehrteilige Werkzeuge nach Bild 33 kann die Lastverteilung mit den Gleichungen (6.14) und (6.15) angegeben
werden.

$$q_i(\varphi) \;=\; q_{oi}\left(1-\left(\frac{\varphi-\varphi_{oi}}{\varphi_{Ei}-\varphi_{oi}}\right)^2\right)^L \qquad\qquad \varphi_o \le \varphi \le \varphi_E \qquad\qquad (6.14)$$

$$q_i(\varphi) \;=\; q_{oi}\left(1-\left(\frac{\varphi-\varphi_{oi}}{\varphi_{Ai}-\varphi_{oi}}\right)^2\right)^L \qquad\qquad \varphi_A \le \varphi \le \varphi_o \qquad\qquad (6.15)$$

Damit ist es möglich, sofern erforderlich, für jeden Werkzeugteil eine entsprechende Druckverteilung zu formulieren.

Für die folgenden Berechnungen wird grundsätzlich von einem vierteiligen Werkzeug ausgegangen. Die Werkzeugteile liegen in den gleichnamigen Quadranten des x ,z-Koordinatensystems. Durch geeignete Parameterwahl lassen sich rechnerisch beliebige Lastverteilungen formulieren. Mit Hilfe der angegebenen Formeln (6.14) und (6.15) kann der Einfluß der Druckflächenform auf die Kugelbewegung untersucht werden.

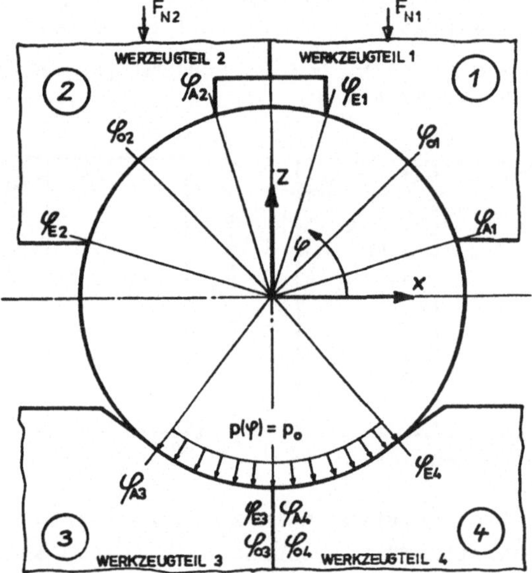

<u>Bild 33:</u> Darstellung der Winkel zur Formulierung der Lastverteilung für mehrteilige Werkzeuge

Ist die Schleifscheibe im Rillengrund geteilt, so wird die Lastverteilung bei zentrisch wirkender Normalkraft dadurch

nicht beeinflußt. Ein Einstich wie in der Führungsscheibe
(Bild 33) führt bei den gemachten Festlegungen zu einer
Unterbrechung der Kontaktlinie und damit der Streckenlast.
Verkürzt sich daduch die Kontaktlinie, erhöht sich die
Streckenlast.

6.4.2 Orthogonale exzentrische Normalkraft

Auch hier wird davon ausgegangen, daß Schubspannungen, die
der Normalkraft F_N entgegenwirken nicht auftreten. Wird die
Kugel exzentrisch mit der Normalkraft F_N beaufschlagt, so
verschiebt sich die Lastverteilung in der Rille und die
Drehachse ändert ihre Lage.

Zur näherungsweisen Bestimmung der Drehachse ist es notwendig die Lastverteilung festzulegen.

Dabei sind zwei Fälle zu unterscheiden:

a) Einteilige Schleifscheibe mit oder ohne Einstich im
   Rillengrund. Linker und rechter Werkzeugteil (Teile 3 und
   4) sind starr miteinander verbunden (Bild 34).

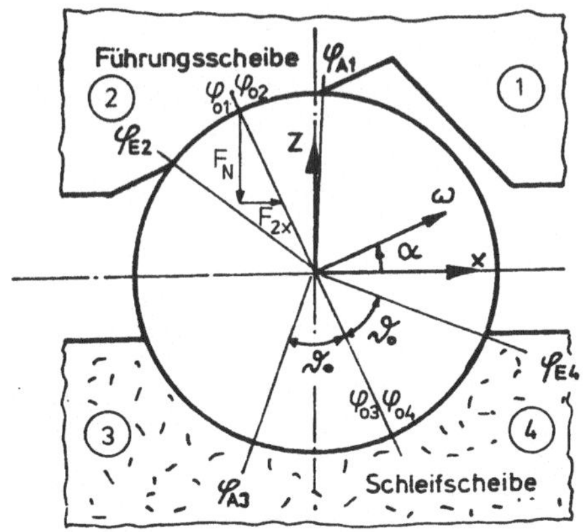

Bild 34: Asymmetrische Last und einteilige Schleifscheibe

b) Zweiteilige Schleifscheibe

   Linker und rechter Werkzeugteil (Teile 3 und 4) sind
   nicht starr miteinander verbunden und können deshalb
   unterschiedliche Streckenlasten besitzen.

Eine rechnerische Ermittlung der tatsächlichen Lastverteilung bei schräger Lasteinleitung ist im Rahmen dieser Arbeit
nicht möglich.
Ein wesentlicher Grund dafür ist, daß Verschleißrichtung
und Nachführungsmechanismus der Werkzeuge nicht ermittelt
werden können. Um jedoch für die näherungsweise Ermittlung
der Kugeleigendrehachse eine weitgehend mit der Realität
übereinstimmende Lastverteilung formulieren zu können, wird
folgender Ansatz gemacht:

- Für eine einteilige Schleifscheibe nach Bild 34, die im
  Rillengrund keinen Einstich besitzt, gelte:

$$\varphi_{o3} = \varphi_{o4} = 270° - \arctan((F_{1x} + F_{2x})/F_N) \qquad (6.16)$$

F_{1x} und F_{2x} sind die Resultierenden der Druckkräfte, der
Werkzeugteile 1 und 2 in x-Richtung auf die Kugel, Bild 34.
φ_{o3}, φ_{o4} geben die Werkzeugverschleißrichtung an.

- Bei einer zweiteiligen Arbeitsscheibe können unterschiedliche Streckenlasten $q_{oi}(\varphi)$ in den beiden Werkzeughälften
  auftreten. Zu deren Berechnung ermittelt man die Lastwin-
  kel der Resultierenden der Normalkräfte γ_1, γ_2, γ_3, γ_4
  nach der Gleichung (6.17).

$$\gamma = \frac{\int q(\varphi)\,\varphi\,d\varphi}{\int q(\varphi)\,d\varphi} \qquad (6.17)$$

Sind die Kräfte F_{x1} und F_{z1} für die Werkzeugteile 1 und 2
bekannt, lassen sich die F_{x1} und F_{z1} für die Werkzeugteile
3 und 4 ermitteln.

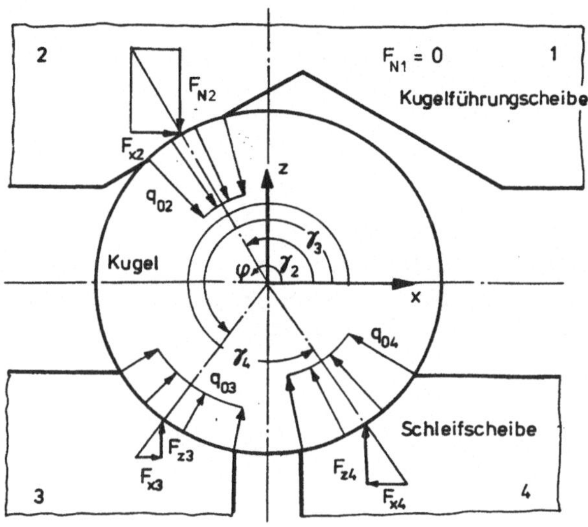

Bild 35: Asymmetrische Last und zweiteilige Schleifscheibe

Mit

$$F_{zi} = F_{xi} \tan \gamma_i$$

$$\Sigma F_{xi} = 0 \qquad\qquad (6.18)$$

$$\Sigma F_{zi} = 0$$

erhält man:

$$F_{z4} = \left(1 - \frac{\tan \gamma_3}{\tan \gamma_4} \right)^{-1} \left(F_{N1} \left(\frac{\tan \gamma_3}{\tan \gamma_1} - 1 \right) + F_{N2} \left(\frac{\tan \gamma_3}{\tan \gamma_2} - 1 \right) \right) \qquad (6.19)$$

$$F_{z3} = - \left(\frac{F_{N1}}{\tan \gamma_1} + \frac{F_{N2}}{\tan \gamma_2} + \frac{F_{z4}}{\tan \gamma_4} \right) \tan \gamma_3 \qquad (6.20)$$

Sind die Resultierenden der Normalkräfte bekannt, lassen sich die Bezugsgrößen der Streckenlast q_{04} (φ) und q_{03} (φ) ermitteln:

$$q_{oi} = F_{zi} \bigg/ \left(\int_{\varphi_{Ai}}^{\varphi_{Ei}} \left(1-\left(\frac{\varphi-\varphi_{oi}}{\varphi_{xi}-\varphi_{oi}}\right)^2\right)^L \sin\varphi \cdot r \, d\varphi \right) \qquad (6.21)$$

$$\varphi_{xi} = \varphi_{Ai} \text{ für } \varphi \leq \varphi_{oi} \quad ; \quad \varphi_{xi} = \varphi_{Ei} \text{ für } \varphi > \varphi_{oi}$$

Die angegebenen Gleichungen (6.16) bis (6.21) stellen die
Basis bei der Ermittlung der Lage der Kugeleigendrehachse
dar. Mit ihrer Hilfe läßt sich zeigen, wie die Drehachsenlage durch die Exzentrizität der Normalkraft beeinflußt
wird.

7. ERMITTLUNG DER SCHLEIFKRAFT

7.1 Zusammenhang zwischen Reibkraft und Schleifkraft

Brückner hat beim Flachschleifen und Außenrundeinstech-
schleifen in einer Vielzahl von Schleifversuchen die Radial-
und Tangentialkräfte gemessen /B6/. Ermittelt man aus diesen
den Reibbeiwert, so stellt man fest, daß weitgehend unabhängig von Parameterveränderungen der Reibbeiwert zwischen 0,5
und 0,6 liegt.

Zu einem in der Tendenz ähnlichen Ergebnis kommt Werner
/W7/, der den Reibbeiwert für Schleifscheibenumfangsge-
schwindigkeiten zwischen 20 und 80 m/s ermittelte,
Bild 36.

Die von Werner angegebene Formel für die Tangentialkraft,
hier Reibkraft genannt, lautet:

$$F_R = \mu_G \, F_N \qquad (7.1)$$

wobei μ_G vom Werkstoff, Schneidstoff, dem Kühlschmiermittel
und der Schleifscheibenumfangsgeschwindigkeit abhängt.

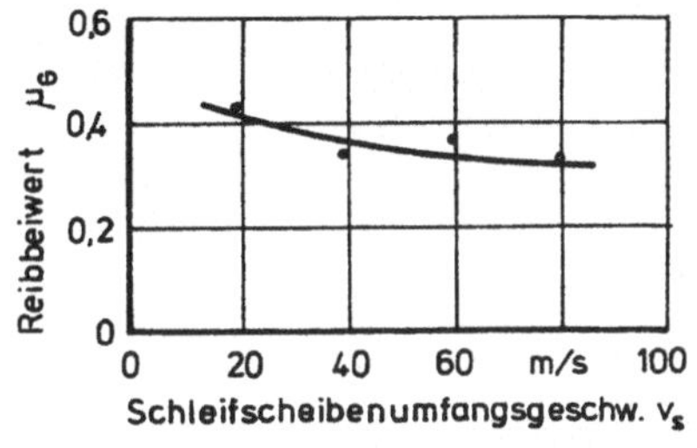

Bild 36: Reibungskoeffizient μ_G für verschiedene Schleif-
scheibenumfangsgeschwindigkeiten nach /W7/ beim
Außenrundschleifen

Durch analytische Betrachtungen kam Werner zu dem Ergebnis,
daß beim Schleifen die Scherkräfte gegenüber den Reib- und
Quetschkräften vernachlässigbar klein sind ($\sim$ 5 %).

Die Tangentialkomponente der Schleifkraft stellt deshalb
unter Vernachlässigung der Scherkräfte eine Reibkraft dar.
Die Schleifkraft besitzt beim Kugelschleifen keine x-Komponente, da die Kräfte in x-Richtung sich gegenseitig aufheben.

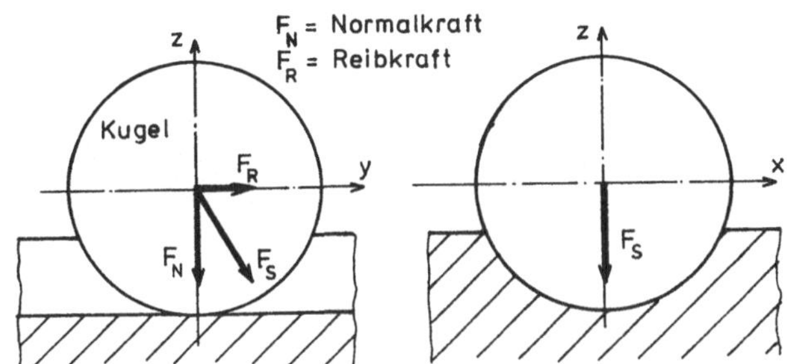

Bild 37: Komponenten der Schleifkraft F_s beim Kugelschleifen

Die Anwendung des Coulomb'schen Gesetzes, Gl. (7.1), zur
Ermittlung der Schleifkraft bietet sich bei der Kugelbearbeitung an, da die Normalkraft als Prozeßparameter in der

Regel bekannt ist. Aufgrund der dargestellten Analogie zwischen Reibkraft und Tangentialkraft eröffnet sich die Möglichkeit, allgemein gültige Ergebnisse der Tribologie und Friktionsforschung auf das Schleifen, Flashen und Läppen anzuwenden /E2/.

Die beim Rollen einer Kugel in einer Rille auftretenden Reibungsverluste lassen sich nach Palmgren /P3/ einteilen in: hydrodynamische Verluste ,

Hysteresisverluste ,

Gleitreibungsverluste .

Ist der Abrollbewegung einer Kugel eine Bohrbewegung überlagert, sind die Gleitreibungsverluste um mindestens eine Größenordnung höher als die Hysteresisverluste /H2, R1, G2/. Dies ist bei der Kugelbearbeitung der Fall. Die Bohrbewegung ist eine Drehung um eine zur Kontaktfläche senkrechte Drehachse. Sie ist der Abrollbewegung der Kugel überlagert. Hydrodynamische Verluste sind nur bei hohen Gleitgeschwindigkeiten zu berücksichtigen. Diese sind bei der Kugelbearbeitung nicht vorhanden.

Palmgren hat, auf die Hertz'sche Theorie aufbauend, einen Weg zur Bestimmung der Reibungsarbeit gezeigt /P2/. Seifert /S3/ hat diese Methode auf eine Kugel-Rillen-Paarung angewandt und erhielt für die Reibkraft die Formel:

$$F_R = K \, \mu_G \, F_N \left(\frac{a}{r} \right)^2 \tag{7.2}$$

K kann mit Hilfe des Elastizitätsmoduls der Werkstoffe und der Rillenschmiegung S* ermittelt werden.

Gleichung (7.2) entspricht der zuvor von Eldredge und Tabor /T1, E1/ abgeleiteten Gleichung (7.3).

$$F_R = \frac{\mu_G \, F_N}{12} \left(\frac{a}{r} \right)^2 \tag{7.3}$$

$$a = r \sin \vartheta_0 \tag{7.4}$$

Gleichung (7.2) gilt für Hertz'sche Kontakte mit einer
Rillenschmiegung $S^* < 1$.

Die Gültigkeit für Kugel-Rille-Paarung beim Kugelschleifen
läßt sich experimentell ermitteln, wenn man die Änderung
der Reibkraft bei verschiedenen Rillentiefen ermittelt,
wobei alle Faktoren bis auf die große Halbachse a der
Druckfläche konstant bleiben. Die experimentelle Ermittlung
der Reibkraft erfolgt in Kap. 7.3.

7.2 Versuchseinrichtung zur experimentellen Ermittlung der Reibkraft

Die Versuchseinrichtung dient dazu, die Rollreibkraft einer
Kugel in einer konzentrischen Rille meßtechnisch zu erfassen.

An die Versuchseinrichtung sind folgende Anforderungen zu
stellen:

- Rückwirkungsfreie Erfassung von Normalkraft und Reibkraft

- Getrennte Aufzeichnung der gemessenen Werte

- Die Versuchseinrichtung soll an eine Produktionsschleif-
  maschine montiert werden können.

- Axial- und Radialschlag der Schleifscheibe sollen weitgehend absorbiert werden können.

- Einstellbarkeit des Schwenkwinkels α der Eigendrehachse
  der Kugel bei ortsfestem Kugelmittelpunkt

- Reibungsarme Lagerung der Kugel

- Verwendung von vorhandenen Meßwerterfassungsgeräten

- Einfache Handhabung

- Kostengünstige Herstellung

Für die Versuche wurde eine Kugelschleifmaschine KSH 720
ausgewählt. Die Meßeinrichtung wurde im Führungsscheibenausschnitt montiert. Sie wurde so justiert, daß die Kugeldrehachse auf die Schleifscheibenachse gerichtet und der
Kugelmittelpunkt senkrecht über der Rillenmitte angeordnet
war. Bild 38 zeigt schematisch den Versuchsaufbau, Bild
39 die Versuchseinrichtung.

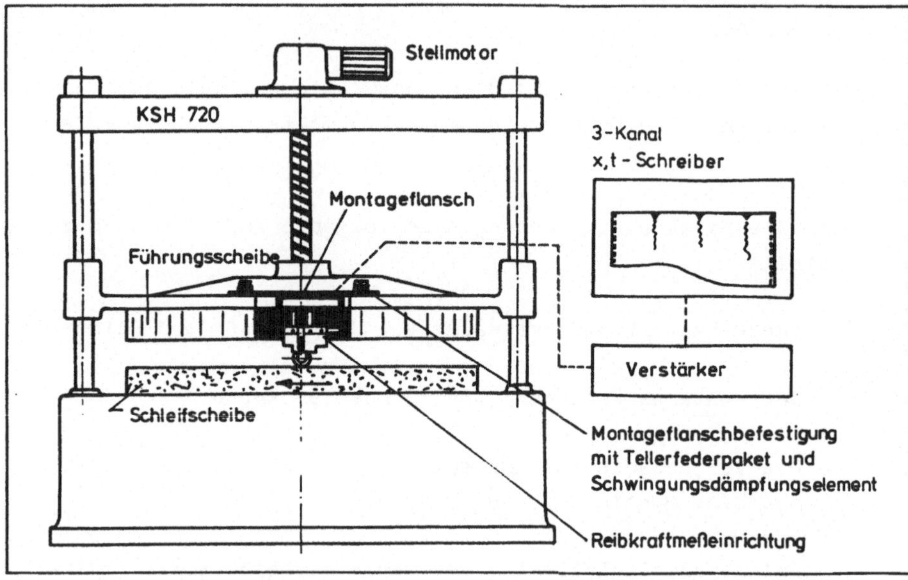

Bild 38: Schematische Darstellung des Versuchsaufbaus

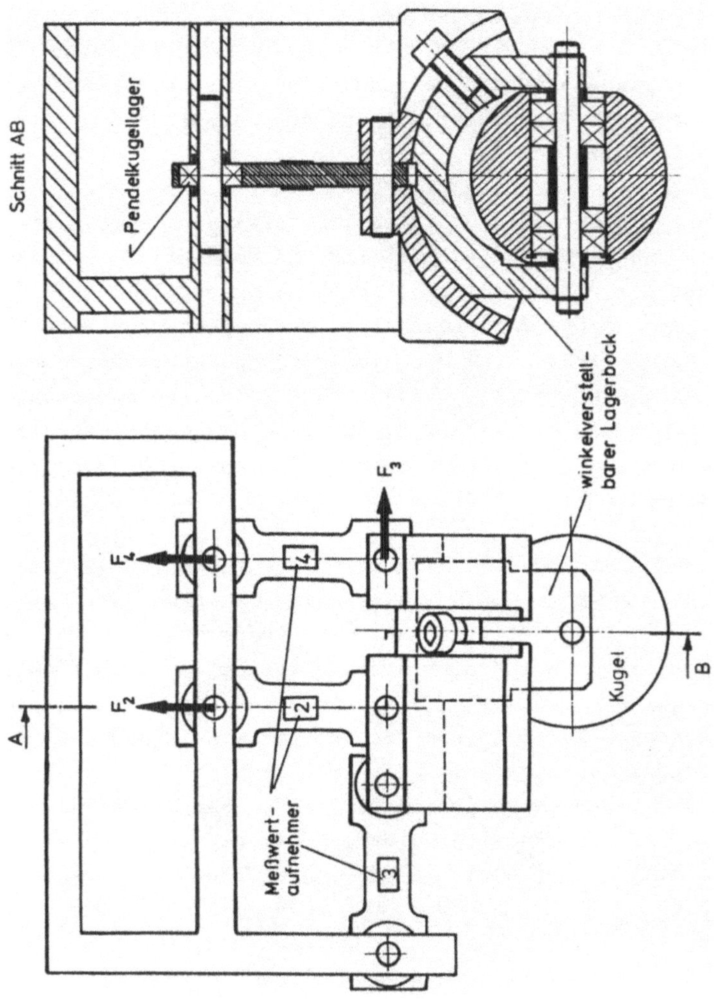

Bild 39: Meßeinrichtung zur Ermittlung der Rollreibung einer Kugel in der Rille einer Kugelschleifscheibe

Die Kraftmessung erfolgte mit Hilfe von Dehnungsmeßstreifen, die zu je zwei Stück auf beiden Seiten jedes Meßwertaufnehmers appliziert wurden.

Die Meßsignale wurden getrennt über einen Verstärker einem 3-Kanal-Schreiber zugeführt und dort simultan über der Zeitachse aufgezeichnet.

Da die Rillen einen Radialschlag aufwiesen, wurden die Meßwertaufnehmer 2 und 4 einseitig und Meßwertaufnehmer 3 beidseitig mit Pendelkugellagern gelagert (Bild 39). Der Axialschlag der Schleifscheibe, der bei starrer Befestigung der Meßeinrichtung am Montageflansch zu hohen Lastschwankungen geführt hätte, wurde mit Hilfe von Federelementen (Tellerfedern) aufgefangen. Zur Schwingungsdämpfung diente eine Hartgummiunterlage zwischen Aufspannplatte und Federelement.

Zur Durchführung der Versuche wurde ein Satz Kugeln (ca. 30 Stück) mit einem Durchmesser von 50 mm verwendet. Die demontierte, durchbohrte Versuchskugel wurde zusammen mit dem Kugelsatz geschliffen, bis die ursprünglich ebene Schleifscheibe eine bestimmte Rillentiefe aufwies. Danach wurde die Versuchskugel in die Reibkraftmeßeinrichtung und diese im Führungsscheibenausschnitt montiert.
Die Justierung erfolgte in der Weise, daß die Kugeldrehachse auf die Schleifscheibenachse gerichtet und der Kugelmittelpunkt senkrecht über der Rillenmitte angeordnet wurde.

Mit Hilfe des Stellmotors konnte der Montageflansch abgesenkt und die Kugel in die Rille gedrückt werden. Über den Ausschlag am 2-Kanal-Schreiber war eine Einstellung der Normalkraft möglich. Eine Versuchsdauer von ca. 5 sec genügte, um die Meßwerte sicher zu erfassen.

Die Einzelmessungen wurden für jede Parameterkombination
mehrfach durchgeführt. Zwischen den Einzelmessungen wurde
die Kugel entlastet.
Nach Abschluß der Meßreihe wurde die Schleifscheibe auf
eine neue Rillentiefe gebracht, indem der Kugelsatz zusammen mit der Versuchskugel geschliffen wurde, bis die neue
Rillentiefe erreicht war. Damit wurde sichergestellt, daß
der Radius der Versuchskugel dem Rillenradius entsprach.

7.3 Rollreibkraft der Kugel in einer konzentrischen Rille

Zur Messung der Normalkraft und der Reibkraft diente die
Meßeinrichtung nach Bild 39, die in Kap. 7.2 erläutert
wurde.
Das Verhältnis zwischen Reibkraft und Normalkraft ist der
Rollreibbeiwert μ_R. Er ist im allgemeinen kleiner als der
Gleitreibwert μ_G, kann aber bei großen Rillentiefen die
gleiche Größenordnung erreichen.

$$\mu_R = F_R \ / \ F_N \tag{7.5}$$

Für die Versuche wurde eine durchbohrte Kugel verwendet. Um
die Lagerreibung der Kugel gering zu halten, waren Rillen-
kugellager eingebaut. Der Lagerbock konnte senkrecht zur
Drehachse der Kugel so gedreht werden, daß der Kugelmittelpunkt ortfest blieb. Die Messungen wurden bei verschiedenen
Rillentiefen und bei verschiedenen Winkeln der Kugeldrehachse durchgeführt. Aus den Meßwerten ließ sich nach der
Formel $F_3/(F_2 + F_4) = \mu_R$ (vgl. Bild 39) der Rollreibbeiwert berechnen. Die Ergebnisse können den Bildern 40 und
41 entnommen werden. Es sind jeweils die Mittelwerte meh-
rer Einzelmessungen aufgetragen.

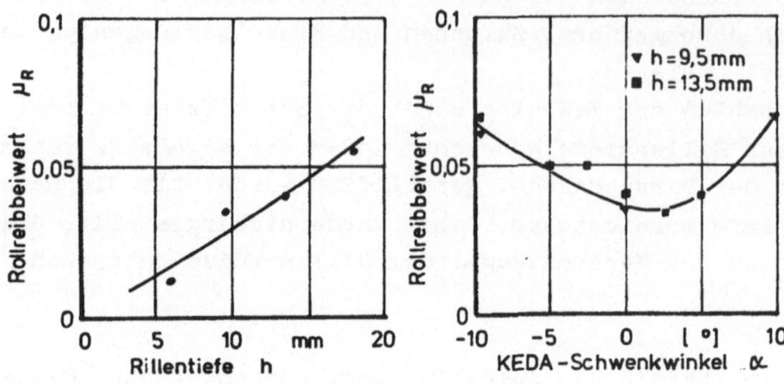

Kugeldurchmesser   50 mm
Schleifscheibe 13 A 150 S10 V103
Schleifscheibendrehzahl 24 U/min
Teilkreisradius R = 318 mm

Bild 40: Rollreibwert für eine Kugel in einer Schleifscheibenrille in Abhängigkeit von der Rillentiefe

Bild 41: Rollreibbeiwert für eine Kugel in einer Schleifscheibenrille in Abhängigkeit vom Schwenkwinkel

Die Versuche wurden mit der Schleifscheibe 13A 150 S10 V130 durchgeführt.

Wie aus Bild 40 zu erkennen ist, wächst der Rollreibbeiwert im Mittel proportional mit der Rillentiefe. Versuche mit verschiedenen Normalkräften bei einer Rillentiefe von 18 mm ergaben keine eindeutige Abhängigkeit des Reibbeiwertes von der Normalkraft.

Die Schwenkung der Drehachse hat eine Änderung des Reibbeiwertes zur Folge. Im Versuch wurde der Winkel der Kugeldrehachse zwischen +10° und -10° variiert.

Die Ergebnisse nach Bild 41 zeigen, daß das Reibkraftminimum bei $\alpha \approx 3°$ erreicht wird.
Dieser Winkel entspricht der Achslage der Kugel beim freien Rollen in etwa.

Das indirekt gemessene Reibmoment M_R setzt sich aus dem
Lagerreibmoment M_L und dem Reibmoment Kugel-Rille M_{KR} zusammen.

$$M_R = M_L + M_{KR} \qquad (7.6)$$

M_L läßt sich bei der Rillentiefe 0 mm näherungsweise bestimmen, da in diesem Fall M_{KR} ungefähr Null ist. Messungen
ergaben, daß die aus der Lagerreibung resultierende Reibkraft in der Größenordnung der Meßgenauigkeit liegt und damit vernachlässigbar ist.

8. ERMITTLUNG DER ABROLLRADIEN

8.1 Abrollradius bei Hertz'schen Kontakten

Rollt eine Kugel auf einer Ebene kräftefrei ab, so bewegt
sie sich mit der Geschwindigkeit

$$v = \omega \cdot r$$

Wird die Kugel belastet, so bildet sich eine Druckellipse
aus. Rollt die Kugel, so gibt es in der Druckellipse Haft-
und Gleitzonen. Der Abrollradius stellt sich so ein, daß die
Reibkräfte in Bewegungsrichtung verschwinden. Nach /P2/ liegt
der Durchstoßpunkt der Momentandrehachse bei e = 0,348 a.

Rollt die Kugel in einer Rille, so gilt die angegebene Beziehung, wenn Hertz'sche Pressung vorliegt. Ist die Rillenschmiegung S = 1, ist diese Voraussetzung nicht erfüllt.
Der Durchstoßpunkt kann für kleine Werte von ϑ_0 rechnerisch
näherungsweise mit den Formeln ermittelt werden, wie sie
für Hertz'sche Kontakte gelten. Nach Bild 8/1 ergibt sich
der Abrollradius zu:

$$R_A = \sqrt{r^2 - e^2} \qquad (8.1)$$

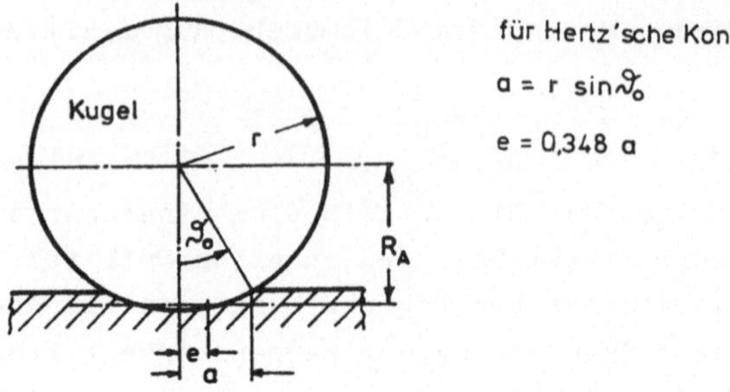

Bild 42: Ermittlung des Abrollradius einer Kugel in einer
Rille, wenn Hertz'sche Pressung vorliegt

Je größer der Schmiegungswinkel ϑ_0 desto kleiner ist der Abrollradius.

Da beim Kugelschleifen aufgrund der großen Schmiegung
($S^* = 1$), eine große räumliche Ausdehnung der Druckfläche
vorliegt, ist damit zu rechnen, daß der Abrollradius stets
merklich kleiner ist als der Kugelradius. Iwanejko /I1/ hat
die Abrollradien beim Läppen experimentell ermittelt und
festgestellt, daß der Abrollradius dem Kugelradius entspricht, wenn in den Rillengrund nicht eine zusätzliche
Rille (Einstich) eingedreht wird. Dies steht im Widerspruch
mit den allgemein anerkannten Ergebnissen der Wälzlagerforschung und den oben angestellten Überlegungen. Aus diesem
Grunde wurden für das Kugelschleifen experimentelle Untersuchungen durchgeführt.

8.2 Experimentelle Ermittlung des Abrollradius

Verwendet wurde die Kugelschleifscheibe 13 A 150 S10 V103
mit einer Rillentiefe von 18,2 mm auf der Kugelschleifmaschine KSH 720. Als Kugelführungsscheibe diente eine ebene
Scheibe. Für diesen Fall läßt sich der Abrollradius wie
folgt ermitteln:

Die Schleifscheibe wird jeweils um 360° gedreht, dann wird die Strecke gemessen, die sich die Kugel bewegt hat. Sind die Strecke l_S, um die die Schleifscheibe gedreht wurde, und die Strecke l_K, um die sich die Kugel weiterbewegt hat, bekannt, läßt sich nach Bild 43 das Verhältnis R_A/r ermitteln.

$$R_A/r = (l_S - l_K)/l_K \qquad (8.2)$$

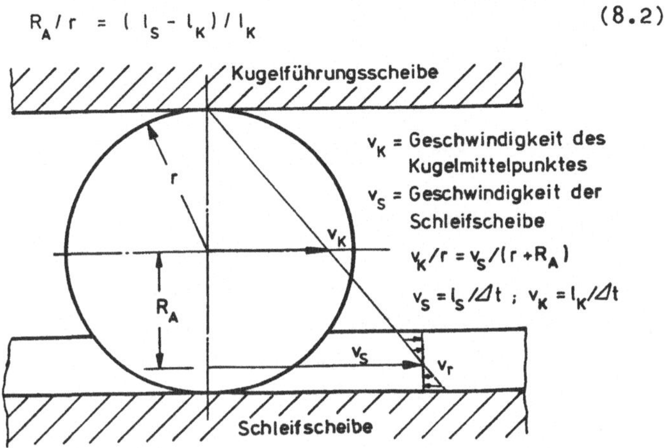

Bild 43: Momentangeschwindigkeit beim Abrollen einer Kugel in einer konzentrischen Rille bei ebener Kugelführungsscheibe

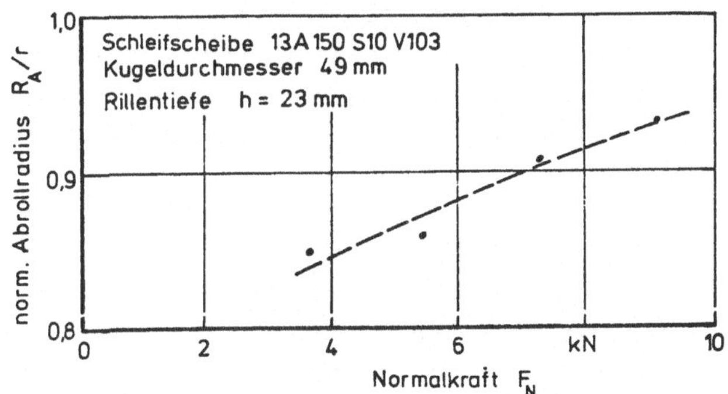

Bild 44: Abrollradius einer Kugel in einer Schleifscheibenrille in Abhängigkeit von der Normalkraft

Wie man erkennt, steigt R_A/r mit der Normalkraft an. Dieses
Ergebnis kann so interpretiert werden, daß die Druckkräfte
in der Kontaktfläche im Rillengrund steigen. Da dann die
Reibkräfte in Rillengrund gegenüber denen an den Rillenflanken wachsen, die Summe aller Reibkräfte in der Kontaktlinie bei stationärer Bewegung in Bewegungsrichtung ver-
schwindet, steigt der Abrollradius.

9. RECHNERISCHE ERMITTLUNG VON KUGELKINETIK UND -KINEMATIK

9.1 Stand der Forschung

Finzi /F6/ kam 1916 bei der analytischen Untersuchung der
Kugelbewegung aufgrund von Analogiebetrachtungen zu dem
Schluß, daß die zeitabhängigen Glieder der Bewegungs-Diffe-
rentialgleichung mit der Zeit verschwinden und damit die
Kugeleigendrehachse, im folgenden KEDA genannt, bezogen auf
ein mit der Kugel bewegtes Zylinder-Koordinatensystem zeit-
lich unveränderlich ist. Eine quantitative Ermittlung der
Achslage erfolgte nicht.

Er untersuchte auch Verfahren, bei denen die Kugel achswechselnde Eigendrehungen vollführt. Dies ist gegeben bei
der sogenannten Grant'schen Maschine und bei Maschinen, bei
denen das Bearbeitungswerkzeug statt konzentrischer, spiral-
förmige Rillen aufweist. Er kam aufgrund seiner Forschungen
zu dem Schluß:

"Die in einer Kugelbahn sich bewegende Kugel vollführt
achswechselnde Eigendrehungen nur dann, wenn während der
Kugelbewegung die Form der Kugelbahn oder bzw. und der An-
trieb der Kugel sich ändern oder noch andere zeitabhängi-
ge Einflußgrößen vorliegen."

"... Das Auftreten dieser Bedingungen ist aber noch kein
Beweis dafür, daß alle Punkte der Kugeloberfläche gleichmäßig überschliffen werden."

Eine quantitative Ermittlung der Kugelkinematik erfolgt für
den einfachen Fall einer V-förmigen Rille mit ebener Kugelführungsscheibe in /K1, I1, I2, O1, B8/.

In /K1/ wird verbal auf den Einfluß der Lastverteilung in
der Druckfläche auf die Lage der KEDA beim Läppen eingegangen. Ein rechnerischer Ansatz erfolgt nicht.

Die Ableitungen für die V-förmige Rille gehen davon aus,
daß an den Berührpunkten der Kugel mit den Werkzeugen die
Relativgeschwindigkeit Null ist.

In Anlehnung an /O1/ erhält man für die Drehrichtung und
Winkelgeschwindigkeit folgende Gleichungen. Die Zusammenhänge gehen aus Bild 45 hervor.

$$\tan\alpha = \frac{v_A \sin\beta_1 - v_B \sin\beta_2}{v_A \cos\beta_1 + v_B \cos\beta_2} \tag{9.1}$$

$$\omega = \frac{v_A}{r \sin(\beta_2 + \alpha)} \tag{9.2}$$

$$v_A = \omega_P(R + r\cos\beta_2)$$

$$v_B = \omega_P(R - r\cos\beta_1)$$

$$\omega_R = \omega\cos\alpha \quad , \quad \omega_B = \omega\sin\alpha$$

Aus den Gl. (9.1) und (9.2) ist zu erkennen, daß für β_1 u. β_2 =
konstant α und ω unabhängig von der Zeit sind, alle Ober-
flächenpunkte der Kugel also Kreise um die zeitlich konstante Drehachse beschreiben und damit die Pole der Kugel
während eines Durchlaufes unbearbeitet bleiben. Dies gilt
auch dann, wenn statt der Punktberührung eine Linienberüh-
rung vorliegt /F6/.

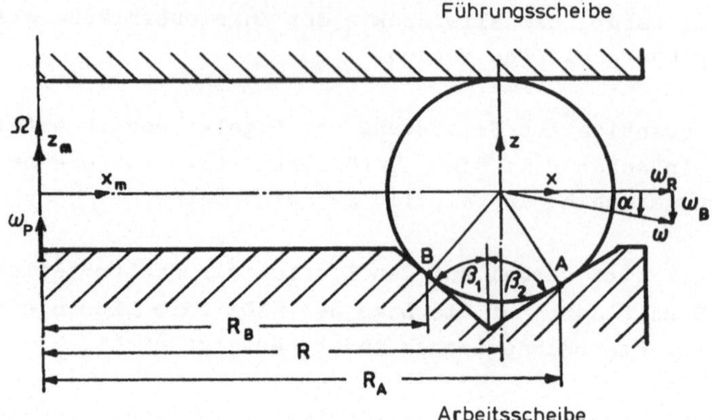

Bild 45: Lage der Kugeleigendrehachse (KEDA) bei V-förmiger
Rille

9.2 Relativbewegung zwischen Kugeloberfläche und Rillen-oberfläche

Rollt eine Kugel in einer Rille, so gibt es im allgemeinen
zwei Punkte in denen die Relativgeschwindigkeit zwischen
Kugeloberfläche und Rillenoberfläche Null ist. Durch diese
beiden Punkte ist die Lage der Momentandrehachse bestimmt.
Auf Mikrogleit- und Haftgebiete im Bereich der Abrollpunkte
wird nicht eingegangen, weil die in diesem Bereich auftretenden Kräfte gegenüber den Reibkräften in den ausgeprägten
Gleitgebieten vernachlässigt werden können. Alle Punkte der
Kugeloberfläche, außer den Abrollpunkten, besitzen gegenüber
der Rillenoberfläche eine Relåtivgeschwindigkeit. Wo Kugeloberfläche und Rillenoberfläche sich berühren tritt Reibung
auf. Dort findet ein Rillenverschleiß bzw. ein Abtrag an der
Kugel statt.

Die folgenden Ausführungen beziehen sich auf den Schleifpro-
zeß. Die angestellten Überlegungen gelten jedoch in gleicher
Weise auch für das Flashen und Läppen von Kugeln.

Die Relativgeschwindigkeit sei definiert als Differenz zwischen Schleifscheibengeschwindigkeit $\vec{v}_P$ und Kugeloberflächengeschwindigkeit $\vec{v}_K$.

$$\vec{v}_r = \vec{v}_P - \vec{v}_K \qquad\qquad (9.3)$$

Schleifmaschinen, wie sie üblicherweise seit rund 100 Jahren zum Schleifen von Kugeln zum Einsatz kommen, besitzen Schleifscheiben und Kugelführungsscheiben mit konzentrischen Rillen und gleichem Teilkreisradius.

Während des Schleifens rollt die Kugel angetrieben von der Schleifscheibe in der Rille ab. Um die Bewegung der Kugel anschaulich beschreiben zu können, kann man sich den Mittelpunkt der Kugel ortsfest denken. Im praktischen Fall würde dies dadurch erreicht, daß man Schleifscheibe und Kugelführungsscheibe bei gleichen Abrollradien in beiden Werkzeughälften in entgegengesetzter Richtung mit gleicher Geschwindigkeit dreht.

Die Geschwindigkeit eines Punktes P der Kugeloberfläche hängt von seiner Entfernung zur Kugeldrehachse ab und läßt sich durch die Gleichung:

$$\vec{v}_K = \vec{\omega} \times \vec{r}_P \qquad\qquad (9.4)$$

beschreiben.

Die Geschwindigkeit des Punktes P, der in der Rillenoberfläche liegt, ergibt sich aus :

$$\vec{v}_P = \vec{\omega}_P \times \vec{R}_P \qquad\qquad (9.5)$$

$\vec{R}_P$ ist der Ortsvektor des Punktes P im ortsfesten Koordinatensystem x_m, y_m, z_m (Bild 47).
In einen x,y,z-Koordinatensystem, mit seinem Ursprung im Kugelmittelpunkt, lassen sich die Relativgeschwindigkeiten

einzelner Punkte als Differenz zwischen Kugeloberflächengeschwindigkeit und Schleifscheibengeschwindigkeit beschreiben. Die x-Achse des rechtsdrehenden x,y,z-Koordinatensy-
stems sei radial nach außen gerichtet, die y-Achse stelle
eine Tangente an den Teilkreis der Rille dar, die z-Achse
sei auf die Kugelführungsscheibe gerichtet, Bild 47.

In diesem Koordinatensystem läßt sich $\vec{\omega}$ durch seinen Betrag und die Winkel ε_ω und Θ_ω darstellen, vgl. Bild 46.

$$\vec{\omega} = \omega \left\{ \begin{array}{l} \sin\Theta_\omega \cos\varepsilon_\omega \\ \sin\Theta_\omega \sin\varepsilon_\omega \\ \cos\Theta_\omega \end{array} \right\}$$

In analoger Weise ergibt sich für den Punktvektor:

$$\vec{r} = r \left\{ \begin{array}{l} \sin\Theta_r \cos\varepsilon_r \\ \sin\Theta_r \sin\varepsilon_r \\ \cos\Theta_r \end{array} \right\}$$

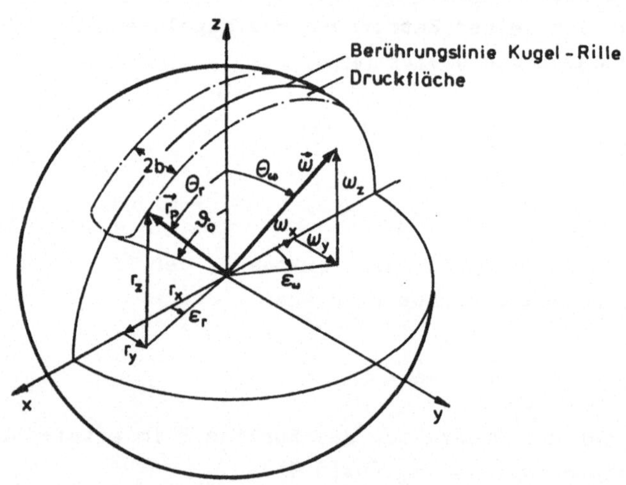

Bild 46: Komponenten der Winkelgeschwindigkeit der Kugel
$\vec{\omega}$ und des Punktvektors $\vec{r_p}$

Da $\vec{R}_p$, vgl. Bild 47, gleich $\vec{r}_p + \{R, 0, 0\}$ ist, erhält man, wenn man die Gl. (9.4) und (9.5) in GL (9.3) einsetzt, folgende Beziehung:

$$\vec{v_r} = \begin{Bmatrix} -\omega_P\, r_y \\ \omega_P(R + r_x) \\ 0 \end{Bmatrix} - \begin{Bmatrix} \omega_y\, r_z - \omega_z\, r_y \\ \omega_z\, r_x - \omega_x\, r_z \\ \omega_x\, r_y - \omega_y\, r_x \end{Bmatrix} \qquad (9.6)$$

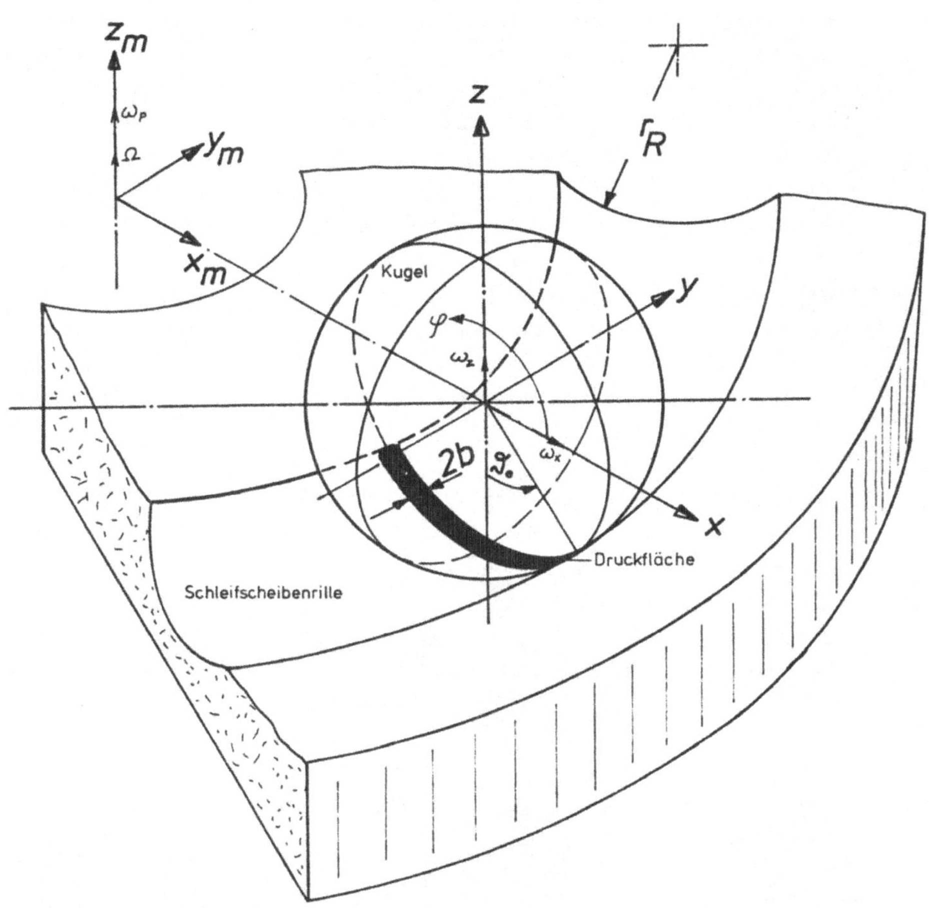

Bild 47: Koordinatensysteme zur Beschreibung der Kugelbewegung in Kugelbearbeitungsmaschinen mit konzentrischen Rillen

Geht man zunächst davon aus, daß eine Drehung der Kugel um
die y-Achse nicht erfolgt ($\varepsilon_\omega = \omega_y = 0$) und die Berührungslinie sehr schmal ist ($\varepsilon_r = r_y = 0$) läßt sich Gl. (9.6)
stark vereinfachen. Man erhält Gl. (9.7).

$$\vec{v}_r = r \left\{ \begin{array}{c} 0 \\ \omega_p (R/r + \cos\varphi) - \omega \sin(\alpha - \varphi) \\ 0 \end{array} \right\} \qquad (9.7)$$

Man erkennt, daß unter den gemachten Voraussetzungen nur
Relativbewegungen in y-Richtung auftreten. Die daraus resultierenden Reibungskräfte wirken ebenfalls nur in y-Richtung
und sind demzufolge nicht in der Lage eine Kugeldrehung um
die y-Achse zu bewirken. Eine Drehung der Kugel um die
y-Achse wird deshalb nur dann stattfinden, wenn neben den
Reibungskräften in Bewegungsrichtung noch andere Kräfte auf
die Kugel wirken, die nicht parallel zur y-Achse sind. Sind
solche Kräfte nicht vorhanden, erhält man $\varepsilon_\omega = \omega_y = 0$.
Die Überlegungen zeigen: Erfolgt keine Kugeldrehung um die
y-Achse, wirken nur Reibungskräfte in y-Richtung. Wirken die
Reibungskräfte in y-Richtung, so bewirken sie keine Drehung
um die y-Achse.

Die Voraussetzung einer sehr schmalen Berührungslinie zwischen Kugel und Rille ($r_y \simeq 0$) ist für Werkstoffe mit hohem
Elastizitätsmodul näherungsweise gegeben; denn rechnerische
Ermittlungen auf Basis der Gl. (6.3) ergeben für eine Kugel
mit 50 mm Durchmesser bei einer vergleichsweise hohen Normalkraft von $F_N = 4000$ N eine relative Druckflächenbreite
$2b/r$ von 10^{-2}.

9.3 Kräfte beim Abrollen einer Kugel in einer Rille mit endlichem Teilkreisradius

Die Überlegungen in Kap. 9.2 zeigen, daß sich die Gleichung
(9.6) für die Relativgeschwindigkeit in der Kontaktfläche
stark vereinfachen läßt. Eine Kugeldrehung um die y-Achse
tritt nicht auf, wenn nachgewiesen werden kann, daß nur

Kräfte in y-Richtung auftreten oder andere Kräfte gegenüber
diesen vernachlässigbar klein sind. Da sich die Summe aller
Druckkräfte in den Druckflächen in x- und z-Richtung gegenseitig aufheben, brauchen diese bei den folgenden Überlegungen nicht berücksichtigt zu werden. Weitere äußere Kräfte
treten in SKR-Maschinen nicht auf.

Bei den bisher angestellten Überlegungen wurde die Wirkung
der Massenkräfte nicht berücksichtigt. Es sind zu unterscheiden:

- Zentrifugalkraft
- Kreiselmoment
- Corioliskraft
- Massenträgheitskräfte in Bewegungsrichtung

9.3.1 Zentrifugalkraft

Zu ihrer Abschätzung kann davon ausgegangen werden, daß die
Kugelführungsscheibe steht und keine Rille besitzt, also
nicht in der Lage ist, die Zentrifugalkraft Z aufzunehmen.
Die Schleifscheibe mit einer Rillentiefe von $h/r = 0,1$ drehe
sich mit der Winkelgeschwindigkeit ω_p. Die Streckenlast in
der Kontaktlinie Kugel-Rille sei konstant. Die in den Kon-
takthalbbögen wirkenden Normalkräfte werden nach Bild 48
zu den Resultierenden N_3, N_4 zusammengefaßt.

Durch die Zentrifugalkraft wird die äußere Rillenflanke zusätzlich belastet, die innenliegende entlastet. Geht man
vereinfachend für eine Abschätzung davon aus, daß $q(\varphi)$ konstant aber je Rillenhälfte verschieden ist, dann läßt sich
die Resultierende der Reaktionskraft durch N_1 darstellen.
Für diesen Fall gilt:

$$\Delta q = \Delta N_4 / (2\,r\,\sin(\vartheta_0/2))$$

mit $\quad \Delta N_4 = Z / \sin(\vartheta_0/2) \quad$ und $\quad Z = m\,\Omega^2 R$

erhält man: $\Delta q = m\,\Omega^2 R / (2\,r\,\sin^2(\vartheta/2))$

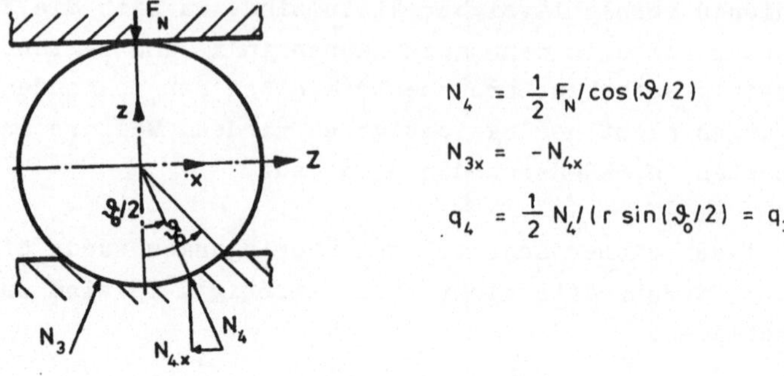

$$N_4 = \frac{1}{2} F_N / \cos(\vartheta/2)$$

$$N_{3x} = -N_{4x}$$

$$q_4 = \frac{1}{2} N_4 / (r \sin(\vartheta_0/2)) = q_3$$

<u>Bild 48:</u> Kräfte in der x, z-Ebene, vereinfachte Darstellung zur Abschätzung des Einflusses der Zentrifugalkraft Z

Die relative Änderung von q zwischen beiden Flanken ergibt sich aus Gl. (9.8).

$$2\Delta q / q = 2m\,\Omega^2 R / (N_4 \sin(\vartheta_0/2)) \tag{9.8}$$

In Einrillen-Maschinen läßt sich die Kugelzahl z der Kugelcharge näherungsweise aus dem Rillenteilkreisradius R und dem Kugelradius r in etwa wie folgt ermitteln:

$$z = 2\pi R / (4r)$$

Bei gleicher Gesamtnormalkraft F_{ges} ermittelt man für F_N:

$$F_N = \frac{F_{ges}}{z} = \frac{2r\,F_{ges}}{\pi R}$$

Die Kugelmasse ist $m = 4/3\,\pi r^3 \varrho$

Substituiert man in Gl. (9.8) F_N und m durch die angegebenen Terme, erhält man den Einfluß der Zentrifugalkraft in Abhängigkeit von den geometrischen und kinematischen Kenngrößen.

$$\frac{2\,\Delta q}{q} \;=\; \frac{8\,\pi^2}{3\,F_{ges}}\; r^2 R^2 \Omega^2\, \varrho\, \cot(\vartheta_o/2) \qquad\qquad (9.9)$$

Diese Näherungsgleichung zeigt, daß der Einfluß der Zentrifugalkraft quadratisch mit r, R und Ω wächst, dagegen sinkt er mit zunehmender Rillentiefe.

Für eine quantitative Abschätzung wird von folgenden Werten ausgegangen, die bis auf die Rillentiefe als praxisnah zu bezeichnen sind.

$$
\begin{aligned}
r &= 25 \text{ mm}\\
R &= 318 \text{ mm}\\
h &= 2{,}5 \text{ mm}\\
\omega_p &= 5 \text{ s}^{-1} \;;\quad \Omega \simeq \omega_p/2\\
F_{ges} &= 40.000 \text{ N}
\end{aligned}
$$

Man erhält $2\,\Delta q/q = 0{,}009$; eine Lastdifferenz zwischen äußerer und innerer Rillenflanke, die kleiner ist als 1 %. Dieser Wert würde sich weiter reduzieren, wenn man von in der Praxis üblichen Rillentiefe in der Schleif- und Führungsscheibe ausgehen würde.

Dieses Ergebnis zeigt, daß die Zentrifugalkraft gegenüber den Normalkräften in den Kontaktflächen vernachlässigt werden kann, wenn von in der Praxis üblichen Werten ausgegangen wird.

9.3.2 Kreiselmoment

Die Drehachse der Kugel wird während der Bearbeitung um die Maschinenachse gedreht. Dabei tritt ein Kreiselmoment auf.

$$\vec{M}_K \;=\; \frac{d}{dt}(\,\Theta\,\vec{\omega}\,) \qquad\qquad \Theta_x = \Theta_y = \Theta_z$$

$$\vec{\omega} \;=\; \omega\,(\,\vec{e}_r\cos\alpha + \vec{e}_z\sin\alpha\,)$$

Für den vorhandenen Fall ergibt sich:

$$M_K = \{0 , \Theta\, \omega\, \Omega \cos\alpha , 0\}$$

Mit

$$\Theta = \frac{8}{15}\pi\, \varrho\, r^5; \quad \Omega \approx \omega_P/2 \; ; \; \omega \approx \omega_P \frac{R}{2\,r}$$

erhält man:

$$M_K = \frac{2}{15}\pi\, \varrho\, R\, r^4\, \omega_P^2 \cos\alpha \qquad\qquad (9.10)$$

M_K hat die Richtung der y-Achse und wird deshalb zusammen mit den Momenten M_X und M_Z eine resultierende Bewegung bewirken. Um den Einfluß abschätzen zu können, wird das Kreiselmoment mit den in Kap. 9.3.1 angegebenen Parametern ermittelt.

Die Rechnung ergibt M_K = 0,01 [Nm]. Das Reibmoment M_X+M_Z erreicht bei μ_G = 0,4 rd. 10 Nm.

Damit ergäbe sich für den Winkel ε_ω ein Wert von ca. 0,001 [rad].

Die Abschätzung zeigt, daß die Annahme ω_y = 0 erlaubt ist, d.h. das Kreiselmoment für die Kugelbearbeitung mit SKR-Maschinen bei üblichen Schleifscheibendrehzahlen keine Bedeutung besitzt.

9.3.3 Corioliskraft

In Kugelbearbeitungsmaschinen mit konzentrischen Rillen treten keine Corioliskräfte auf. Maschinen mit spiralförmiger Rille, wo die Corioliskraft eine gewisse Rolle spielt, sind praktisch nicht im Einsatz. Doch auch in diesem Falle kann davon ausgegangen werden, daß die Reibkräfte dominieren.

9.3.4 Massenkräfte in Bewegungsrichtung

Da die Kugeln in den Rillen bei konstanter Schleifscheibengeschwindigkeit gleichförmig bewegt werden, treten Massenkräfte nur beim Einlauf und Auslauf der Kugeln auf. Nachdem gezeigt wurde, daß sowohl die Zentrifugalkraft als auch
das Kreiselmoment gegenüber den Druck- und Reibungskräften
vernachlässigt werden können, ist dies auch für Trägheits-
kräfte in Bewegungsrichtung zu erwarten. Eine genaue rechnerische Ermittlung erfolgt in Kap. 9.4.

9.3.5 Die äußeren Kräfte

Es werden nur Bearbeitungsmaschinen mit konzentrischen Rillen betrachtet. Entlang der Berührungslinie zwischen Kugel
und Rille wirken Tangential- und Normalkräfte auf die Kugel. Unter Vernachlässigung der Massenkräfte sind sie es,
die die Kugelbewegung bestimmen.

Die in der Kontaktfläche wirkenden Druckkräfte $p(\varphi, y)$
seien bekannt. Die Relativgeschwindigkeit kann nach Gl. (9.7)
ermittelt werden. Der Reibbeiwert μ_G in den Gleitgebieten
der Druckfläche wird zunächst als konstant angenommen.

Auf ein Flächenelement $\vec{dA}$ der Kontaktfläche wirkt die Kraft
$\vec{dF}$.

$$\vec{dF} = p(\varphi, y)\ \vec{dA} + p(\varphi, y)\ \mu_G(\ \vec{v_r}\ /\ |\vec{v_r}|)\ dA \qquad (9.11)$$

$\vec{dF}$ ist die Resultierende aus Normalkraft und Reibkraft.
Durch die Relativgeschwindigkeit ist die Richtung der Reibkraft festgelegt. Nach Gl. (9.7) ergeben sich nur Relativgeschwindigkeiten und Reibkräfte in y-Richtung, was Gl.
(9.11) stark vereinfacht.
Durch die Einführung der Streckenlast $q(\varphi)$:

$$q(\varphi) = \int_{-b}^{b} p(\varphi, y)\ dy \quad \text{und} \quad u = \mu_G(v_r/|v_r|)$$

ergibt sich eine weitere Vereinfachung in der Form:

$$\vec{dF} = q(\varphi)\ r\,d\varphi\ \{\cos\varphi,\ u\ ,\sin\varphi\}$$

Mit Hilfe von $\vec{dF}$ läßt sich das resultierende Moment $\vec{dM}$ ermitteln.

$$\vec{dM} = \vec{r}_P \times \vec{dF} \tag{9.12}$$

Die Summe aller auf die Kugel wirkenden äußeren Kräfte und
Momente erhält man durch Integration über die gesamte Kontaktlinie von Schleifscheibe und Führungsscheibe $0 \le \varphi < 2\pi$.

$$\vec{F} = \int_0^{2\pi} \vec{dF} \qquad\qquad \vec{M} = \int_0^{2\pi} \vec{dM}$$

In Komponentenschreibweise erhält man die folgenden Gleichungen, wenn die Koordinatenachsen wie in Bild 47 festgelegt werden:

$$F_x = \int_0^{2\pi} q(\varphi)\ \cos\varphi\ r\,d\varphi \tag{9.13}$$

$$F_y = \int_0^{2\pi} q(\varphi)\ u\ r\,d\varphi \tag{9.14}$$

$$F_z = \int_0^{2\pi} q(\varphi)\ \sin\varphi\ r\,d\varphi \tag{9.15}$$

$$M_x = -\int_0^{2\pi} q(\varphi)\ u\ r^2\sin\varphi\,d\varphi \tag{9.16}$$

$$M_y \equiv 0$$

$$M_z = \int_0^{2\pi} q(\varphi)\ u\ r^2\cos\varphi\,d\varphi \tag{9.17}$$

Die Kräfte F_x und F_z müssen zu jedem Zeitpunkt Null sein,
da eine Bewegung der Kugel in x- und z-Richtung in SKR-Maschinen nicht möglich ist.

9.4 Ermittlung der Kugeleigendrehachse (KEDA)

9.4.1 Das Gleichungssystem der Kugelbewegung

Die Kugelbewegung läßt sich mit Hilfe der dynamischen
Grundgleichungen ermitteln, wenn die Summen der auf die
Kugel wirkenden Kräfte und Momente bekannt sind.

$$\vec{F} = m \, \frac{d(\vec{\Omega} \times \vec{R})}{dt} \qquad\qquad (9.18)$$

$$\vec{M} = \Theta \, \frac{d\vec{\omega}}{dt} \qquad\qquad (9.19)$$

$\vec{\Omega} \times \vec{R}$ ist die Geschwindigkeit des Kugelmittelpunktes,
$\vec{\Omega}$ ist die Winkelgeschwindigkeit des Kugelmittelpunktes,
$\vec{R}$ der Teilkreisradius der Rille.

Sind die Zentrifugalkraft und das Kreiselmoment gegenüber
den Reibungskräften vernachlässigbar, erhält man in Komponentenschreibweise in einem mit der Kugel bewegten Koordinatensystem folgendes Gleichungssystem:

$$
\begin{aligned}
d\Omega &= \frac{1}{mR} \int dF_R(\varphi) \, dt \\[2mm]
d\omega_x &= -\frac{1}{\Theta} \int r \sin\varphi \, dF_R(\varphi) \, dt \qquad (9.20) \\[2mm]
d\omega_z &= \frac{1}{\Theta} \int r \cos\varphi \, dF_R(\varphi) \, dt
\end{aligned}
$$

wobei $\quad dF_R(\varphi) = q(\varphi) \, u \, r \, d\varphi \qquad$ ist.

Für einen mit der Kugel bewegten Beobachter besitzen alle
Werkzeugteile i eine um Ω reduzierte Winkelgeschwindigkeit.

$$\omega_{Pi} = \omega_{POi} - \Omega \qquad\qquad (9.21)$$

ω_{Pi} ist die Winkelgeschwindigkeit der Werkzeugteile bezogen auf den Kugelmittelpunkt, ω_{POi} die Winkelgeschwindigkeit des Werkzeugteils i im ortsfesten Koordinatensystem

x_m, y_m, z_m. Zur Ermittlung der Kugelbewegung nach den Gl. (9.18) bis (9.20) ist ω_{P0i} relevant. Betrag und Richtung der Winkelgeschwindigkeit der Kugel ergeben sich unter den genannten Voraussetzungen zu:

$$\omega \;=\; \sqrt{\omega_x^2 + \omega_z^2} \tag{9.22}$$

$$\alpha \;=\; \arctan(\omega_z/\omega_x) \tag{9.23}$$

9.4.2 Numerische Integration des Gleichungssystems

Da eine geschlossene Lösung des Differential-Gleichungssystems (9.20) auf einfache Art nicht möglich ist, wird es numerisch mit Hilfe eines Digitalrechners integriert.

Dazu müssen die Differentiale $d\Omega$, $d\omega_x$, $d\omega_z$ in Differenzen umgeschrieben werden. Die gesuchte Lösung erhält man dann mit Hilfe folgender Rekursionsformeln:

$$\Omega(t) \;=\; \Omega(t - \Delta t) + \Delta\,\Omega(t) \tag{9.24}$$

$$\omega_x(t) \;=\; \omega_x(t - \Delta t) + \Delta\,\omega_x(t) \tag{9.25}$$

$$\omega_z(t) \;=\; \omega_z(t - \Delta t) + \Delta\,\omega_z(t) \tag{9.26}$$

Zur Berechnung mit Hilfe von Gl. (9.20) müssen folgende Parameter bekannt sein.

- Anfangswinkel φ_{Ai}, Bezugswinkel φ_{0i} und Endwinkel φ_{Ei} der Kontaktlinie für jeden Werkzeugteil i (vgl. Kap. 6.4.1) φ_{Ai} und φ_{Ei} sind die Integrationsgrenzen für den Werkzeugteil i ($\varphi_{Ai} \leq \varphi_{0i} \leq \varphi_{Ei}$).

- Gleitreibbeiwerte μ_{Gi} je Werkzeugteil i

- Normalkräfte für die Werkzeugteile 1 und 2 nach Bild 33 F_{N1}, F_{N2}

- Kugelradius r

- Dichte des Kugelwerkstoffes ρ

- Teilkreisradius der Rille R

- Winkelgeschwindigkeit der vier Werkzeugteile nach
  Bild 33 ω_{Pi}

- Lastverteilungsexponent L zur Ermittlung der Lastverteilung
  nach Gl. (6.12)

- Anfangswerte der Kugelbewegung $\omega_o, \Omega_o, \alpha_o$

- Anfangszeitpunkt t_o und Zeitinkrement Δt

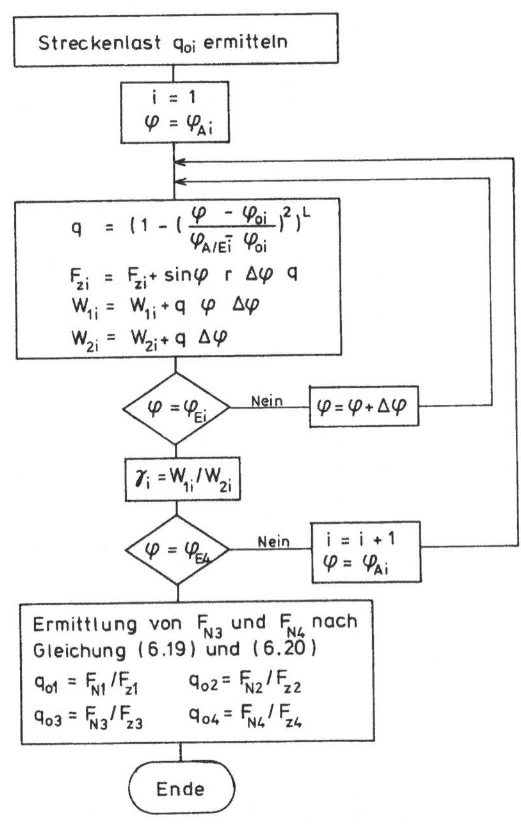

<u>Bild 49:</u> Schematische Darstellung der Ermittlung der Be-
zugswerte für die Streckenlast bei vierteiligem
Werkzeug.

Der Rechengang zur Ermittlung der Kugelbewegung mit Hilfe
der Gleichungen (9.24), (9.25) und (9.26) ist in Form eines
Flußdiagrammes in Bild 51 dargestellt.

Je nachdem wie viele unabhängig voneinander bewegbare Werkzeugteile vorliegen, sind zur Ermittlung der Streckenlast
in der Kontaktlinie unterschiedliche Vorgehensweisen erforderlich (Bilder 49 und 50).

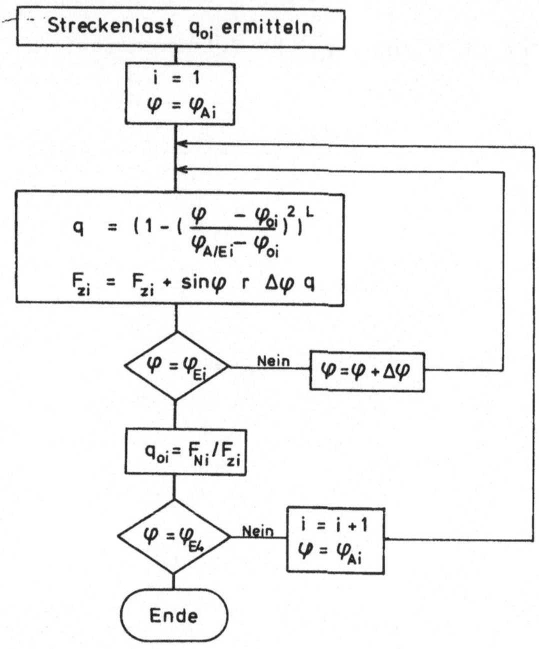

<u>Bild 50:</u> Schematische Darstellung der Ermittlung der Be-
zugswerte für die Streckenlast bei zweiteiligem
Werkzeug

Aufgrund der Vielzahl der Parameter sind sehr viele Parameterkombinationen denkbar, von denen nur ein kleiner Ausschnitt betrachtet werden kann, weil sonst der Rahmen der
vorliegenden Arbeit gesprengt würde.

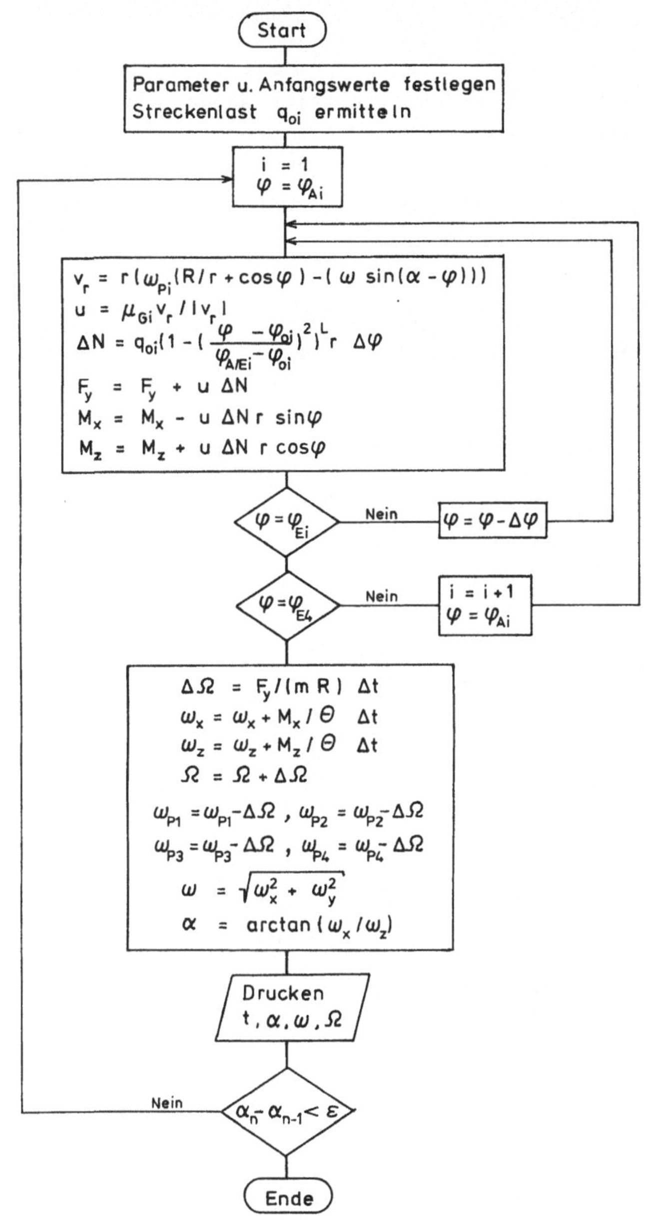

Bild 51: Schematische Darstellung des Rechenganges zur Ermittlung der Kugelbewegung

Für die folgenden Berechnungen wird deshalb von einer
Standard-Parameter-Konfiguration ausgegangen, die in Tabelle 3 angegeben ist. Je nach Wahl der Parameter ändern
sich die Kugelkinematik, die Reibkräfte und die Beschleuni-
gungszeiten, wie in den folgenden Kapiteln dargestellt ist.

Parameter		Einheit	allgem. Werte	Prozeßparameter für die Werkzeugteile i			
				1	2	3	4
KONTAKTLINIE:							
Anfangswinkel	φ_{Ai}	(°)		50	110	210	270
Bezugswinkel	φ_{oi}	(°)		60	120	270	270
Endwinkel	φ_{Ei}	(°)		70	130	270	330
PROZESSPARAMETER:							
Gleitreibbeiwert	μ_{Gi}	1		0,4	0,4	0,4	0,4
Normalkaft	F_N	(kN)		2	2		
Kugelradius	r	(mm)	25				
Kugeldichte	ϱ	(kg/DM^3)	7,85				
Teilkreisradius	R	(mm)	318				
Winkelgeschwindigkeit der Werkzeugteile	ω_{Pi}	(s^{-1})		0	0	5	5
Lastverteilungsexponent	L	1	0				
ANFANGSWERTE:							
Kugeleigendrehung	ω_o	(s^{-1})	0				
Richtung der KEDA	α_o	(°)	0				
Winkelgeschwindigkeit des Kugelmittelpunktes	Ω_o	(s^{-1})	0				
Anfangszeitpunkt	t_o	(s)	0				
Zeitinkrement	Δt	(s)	$2 \cdot 10^{-4}$				

<u>Tabelle 3:</u> Standardparameter für die Ermittlung der Ku-
gelbewegung

Für alle gerechneten Parameterkombinationen wird nach weniger als 1 Millisekunde eine stabile Lage der KEDA erreicht. Für die Standardparameter nach Tabelle 3 liegt diese Zeit bei 270 μs. In dieser Zeit dreht sich die Kugel ca. 0,3 Winkelgrade um die KEDA. Der Kugelmittelpunkt legt dabei eine Strecke von ca. 0,1 mm zurück.

Damit bestätigt sich die vorne getroffene Einschätzung, daß die Massenkräfte beim Kugelschleifen in SKR-Maschinen vernachlässigt werden können. In Bild 52 sind alle Parameter und Ergebnisse für die Standardparameterliste nach Tabelle 3 dargestellt.

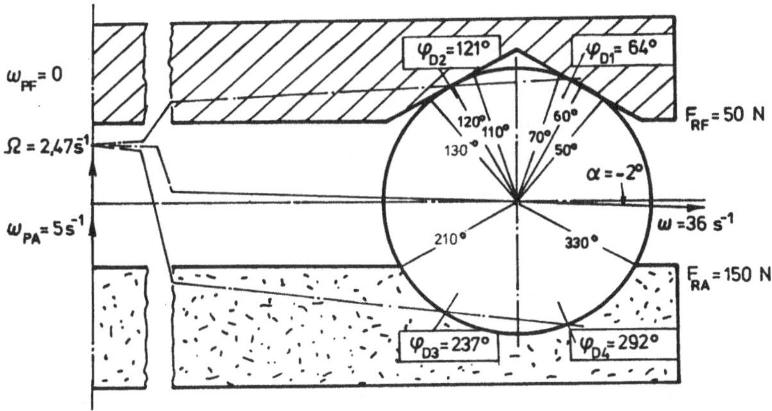

Bild 52: Abrollpunkte, Drehachse und Rillengeometrie für die Standardparameterkonfiguration nach Tab. 3

Wesentliche Ergebnisse verschiedener Parametervariationen sind:

– Schwenkwinkel der KEDA α

– Winkelgeschwindigkeit der Kugel ω

- Winkelgeschwindigkeit des Kugelmittelpunktes Ω

- Reibkräfte der Kugel in der Führungsscheibe F_{RF} und der
  Arbeitsscheibe F_{RA}

- Abrollradien der Kugel in der Führungsscheibe R_F und der
  Arbeitsscheibe R_A

Mit dem Begriff Arbeitsscheibe wird, unabhängig davon, ob es
sich um die Verfahren Flashen, Schleifen oder Läppen han-
delt, diejenige Scheibe bezeichnet, die die Kugel bewegt und
die keinen Scheibenausschnitt besitzt.

9.4.3.1 Normalkraft- und Reibwerteinfluß

Nach Gl. (6.12) und (6.13) sind die Streckenlast $q(\varphi)$ und
damit auch die Reibkraft proportional der Normalkraft F_N.
In der Praxis können Abweichungen von dieser Regel auftreten, wenn die Druckflächenform von der Normalkraft abhängt.
Einflüsse dieser Art werden nicht untersucht.

Aufgrund der Proportionalität zwischen Streckenlast und Normalkraft ändert sich die Reibkraft unter sonst gleichen Bedingungen proportional der Normalkraft.

Eine Veränderung der Abrollradien und der Kugelkinematik
tritt dadurch nicht ein, da eine gleichmäßige Änderung der
Druckkräfte in der Kontaktfläche zwar die Reibkräfte, nicht
aber die Abrollpunkte verändert.

Dies gilt auch für eine gleichmäßige Änderung des Gleitreib-
beiwertes.

Würde jedoch, z.B. durch Änderung des Scheibenwerkstoffes,
der Gleitreibbeiwert für nur einen Werkzeugteil geändert,
dann würden sich mit den Reibkräften auch die Abrollpunkte
und damit die Kugelkinematik ändern.

9.4.3.2 Einfluß der Druckflächenform

Die Druckflächenform hat Einfluß auf den Abrollradius, die
Drehzahl der Kugel, die Bahngeschwindigkeit und die Reibkraft. Bei den bisherigen Berechnungen wurde eine konstante Streckenlast in der Kontaktlinie zwischen Kugel und
Rille, d.h. eine rechteckförmige Druckfläche, angenommen.

Unter Zuhilfenahme von Gl. (6.12) läßt sich die Druckfigur
variieren, wobei die Änderung des Lastexponenten L die in
Bild 32 dargestellten normierten Druckflächenbreiten ergibt.

Im vorliegenden Fall wurde der Lastexponent von 0 bis 1
variiert. Die Ergebnisse sind in Bild 53 dargestellt.

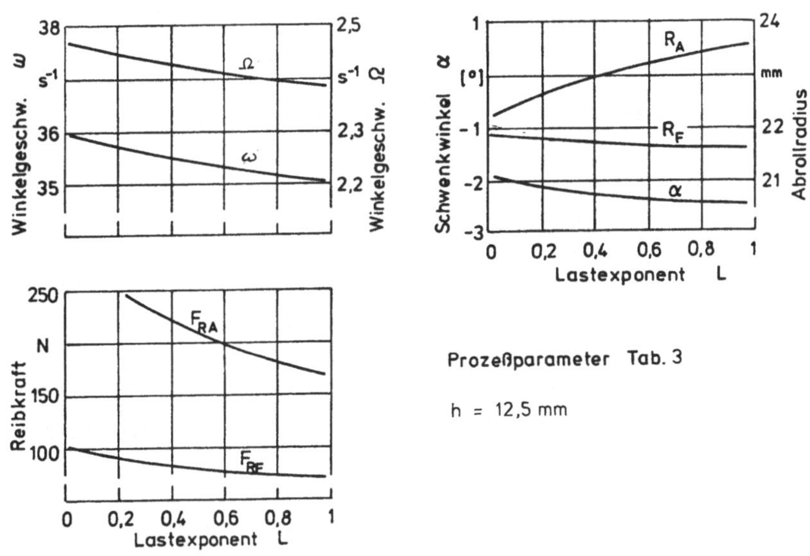

Bild 53: Einfluß der Druckflächenform auf die Kugelbewegung und die Reibkraft

Verändert sich die Druckfigur von einer räumlich gekrümmten Rechteckform (L = 0) zu einer räumlich gekrümmten Ellipse (L = 1), sinken die Reibkräfte stark ab. Parallel steigt der Abrollradius R_A in der Arbeitsscheibe. Der Abrollradius in der Führungsscheibe R_F ändert sich nur geringfügig. Bedingt durch den Anstieg des Abrollradius sinken die kinematischen Kenngrößen der Kugelbewegung ω und Ω . In der Praxis ist, wie die empirische Untersuchung der Druckflächenform in Kap. 6.1.2 zeigt, die Druckfläche rechteckförmig mit abgerundeten Enden. Nach Bild 32 läßt sich diese Form mit dem Lastexponenten $0 \leq L \leq 0,1$ annähern. In diesem Bereich ändern sich, wie Bild 53 zeigt, die kinetischen und kinematischen Kenngrößen in engen Grenzen. Die Annahme eine rechteckförmigen Druckfläche mit konstanter Streckenlast stellt deshalb eine näherungsweise Abbildung der realen Verhältnisse zwischen Kugel und Rille bei der Kugelbearbeitung dar.

9.4.3.3 Einfluß der effektiven Rillentiefe

Mit der Rillentiefe wächst die Länge der Kontaktlinie und damit die Relativgeschwindigkeit zwischen Kugel und Rille in der Druckfläche nach Gl. (9.7) unter der Voraussetzung $\vartheta_0 \geq \varphi_1$, vgl. Bild 20. Die Vergrößerung der Rillentiefe ist eine notwendige aber keine hinreichende Bedingung für die Verlängerung der Kontaktlinie. Für die Bestimmung der kinetischen und kinematischen Kenngrößen ist die effektive Rillentiefe relevant. Sie ist durch den Schmiegungswinkel ϑ_0 festgelegt: $h_{eff} \leq r(1-\cos\vartheta_0)$. Steigt die effektive Rillentiefe, steigt die Reibkraft. Parallel dazu sinkt der Abrollradius R_A. Die Ergebnisse für die Lastexponenten 0 und 1 sind in Bild 54 dargestellt.

Wie Bild 54 zeigt, besteht zwischen den Reibkräften F_{RA} für L = 0 und L = 1 ein lineares Verhältnis. Das heißt, die Kurve für L = 0 läßt sich durch Multiplikation mit einem konstanten Faktor aus der Kurve für L = 1 ermitteln.

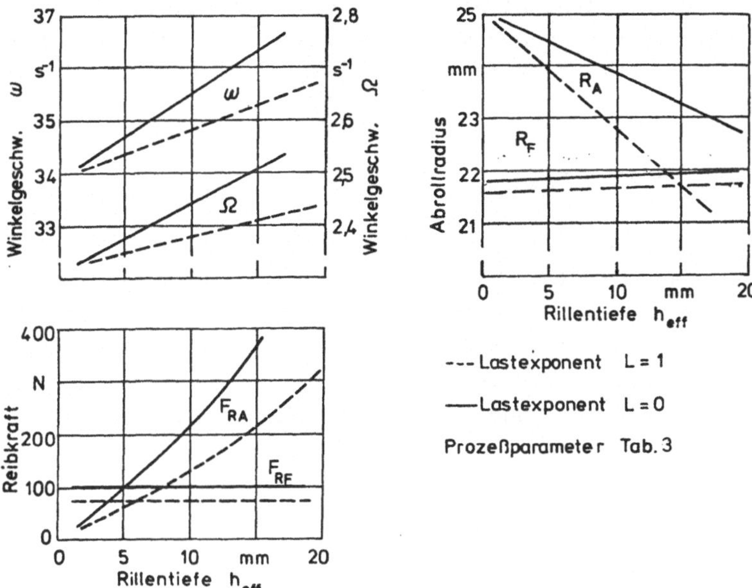

Bild 54: Einfluß der effektiven Rillentiefe auf die
Kugelbewegung und die Reibkraft

Die Reibkraft F_{RF} in der Führungsscheibe ist praktisch unabhängig von der Rillentiefe der Arbeitsscheibe. Sie sinkt mit wachsendem Lastexponenten.

Nahezu unverändert ist auch der Abrollradius der Kugel in der Führungsscheibe, dargestellt durch R_F. Der Abrollradius in der Arbeitsscheibe R_A fällt mit steigender Rillentiefe. Er ist für L = 1 größer als für L = 0, wie bereits in Bild 53 gezeigt wurde.

Infolge abnehmender Abrollradien steigen die kinematischen Kenngrößen ω und Ω mit der Rillentiefe an. Die Steigung verändert sich mit dem Lastexponenten.

Die Lage der KEDA wird in der vorliegenden Rechnung durch
die Rillentiefe nicht beeinflußt. Ihre Richtung liegt für
alle Rillentiefen und Lastexponenten bei -2°. Aus diesem
Grunde erfolgte keine Darstellung im Diagramm.

9.4.3.4 Asymetrische Lasteinleitung

Geht man von einem zweiteiligen Werkzeug aus, so läßt sich
eine schräge Krafteinleitung nach Bild 34 durch eine radial versetzte V-förmige Rille erreichen. Die Kraftrich-
tung und damit auch die Verschleißrichtung werden nach Gl.
(6.16) berechnet. Für die Parameter der Rillengeometrie
wird zur Berechnung von α folgender Ansatz gemacht.

$$\varphi_{A1} = \varphi_o - 20°$$

$$\varphi_{E1} = \varphi_{A2} = \varphi_{o1} = \varphi_{o2} = \varphi_o$$

$$\varphi_{E2} = \varphi_o + 20°$$

$$\varphi_{A3} = \varphi_u - 60°$$

$$\varphi_{E3} = \varphi_{A4} = \varphi_{o3} = \varphi_{o4} = \varphi_u$$

$$\varphi_{E4} = \varphi_u + 60°$$

φ_o entspricht der Schräge der Führungsscheibe. Bei der
Rechnung wird davon ausgegangen, daß trotz schräger Kraft-
richtung, 60° Schmiegungswinkel in der Arbeitsscheibe eingehalten werden. Außer den oben angegebenen Veränderungen
werden alle Parameter nach Tabelle 3 gewählt. φ_u wird rechnerisch nach Gl. (6.15) ermittelt.

Die Berechnungen zeigen , daß α im Winkelbereich 70° bis
110° nach folgender Beziehung ermittelt werden kann.

$$\alpha = \varphi - 90° \tag{9.27}$$

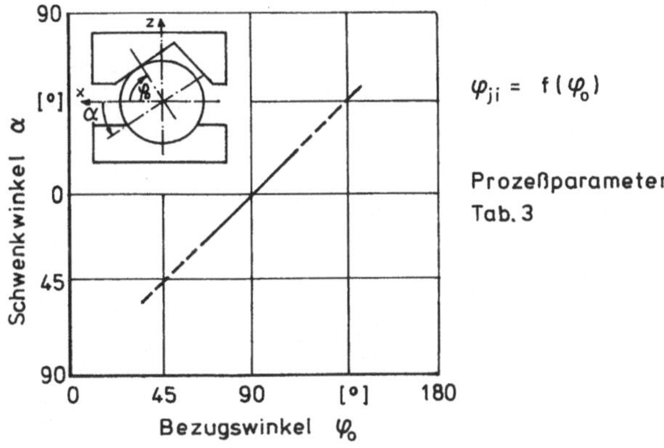

Bild 55: Zusammenhang zwischen dem Bezugswinkel φ_0 und
dem Schwenkwinkel der KEDA α

Die Beträge der Winkelgeschwindigkeiten ω und Ω sowie die
Reibkräfte zeigen keine nennenswerte Veränderung.
Für die Kugeleigendrehung werden ω-Werte zwischen 33,7 und
33,9 $[s^{-1}]$, für die Geschwindigkeit des Kugelmittelpunktes
Ω-Werte zwischen 2,6 und 2,7 $[s^{-1}]$ ermittelt.

9.4.3.5 Einfluß zusätzlich bewegter Werkzeugteile

Bei den bisherigen Überlegungen wurde von einem vierteiligen Werkzeug ausgegangen, wobei Teil 1 mit Teil 2 sowie
Teil 3 mit Teil 4 fest verbunden waren, Bild 33. Friedrich Fischer /F5/ hatte die Werkzeughälften geteilt und
die Werkzeugteile mit verschiedenen Winkelgeschwindigkeiten bewegt. Dadurch sollte erreicht werden, daß die Kugel
ihre Drehachse fortwährend ändert. Zahlreiche ähnliche An-
sätze zur Beeinflussung der Kugelbewegung sind bekannt.

Im folgenden wird der Einfluß der Werkzeugbewegung auf die
Kugelbewegung untersucht. Dabei wird von den Standardpara-
metern, Tab. 3, ausgegangen. Der Werkzeugteil 1, der bisher als stillstehend angenommen wurde, wird nun im Rahmen

einer Simulation im Bereich von $\omega_{P1} = -5$ bis $\omega_{P1} = 5$ [1/s]
verändert. Bild 56 zeigt die dabei ermittelten Ergebnisse.

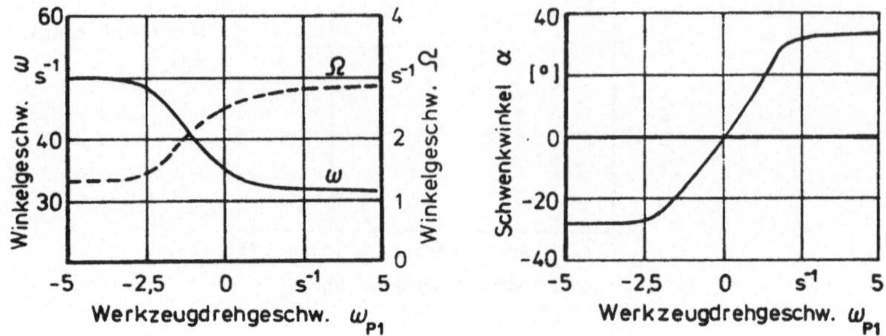

Bild 56: Einfluß des zusätzlich bewegten Werkzeugteils 1
auf die Kugelbewegung

Nach ca. 0,3 ms nimmt die KEDA eine stabile Lage ein. Der
Schwenkwinkel der KEDA α ändert sich mit ω_{P1} im Bereich
$-2 \leq \omega_{P1} \leq 2$. Außerhalb dieser Grenzen ist α praktisch konstant. Ein analoges Verhalten zeigen die Winkelgeschwin-
digkeiten ω und Ω .

Die Ergebnisse zeigen, daß die Bestrebungen zahlreicher Er-
finder, die mit Hilfe zusätzlich bewegter Werkzeugteile die
Drehachse der Kugel laufend ändern wollten nicht zum Erfolg
führen konnten. Zusätzliche gleichförmig bewegte Werkzeugteile vermögen es, die Drehachse der Kugel zu schwenken,
eine laufende Veränderung der Drehachse findet jedoch nicht
statt.

9.4.3.6 Einfluß des Rillenteilkreisradius

Nach Gl. (9.7) hängt die Relativgeschwindigkeit v_r vom
Quotienten R/r ab. Rollt eine Kugel kräftefrei in einer konzentrischen Rille eine Strecke, die durch den Winkel ϕ beschrieben sei, so dreht sie sich wegen der Radiusdifferenz

der Abrollradien um eine zur Bahntangente und zum Bahnradius
senkrechte Achse, der z-Achse, mit der Winkelgeschwindigkeit
$d\phi/dt = \Omega$. Diese Bewegung nennt man Bohrbewegung. In SKR-
Maschinen rollt die Kugel gleichzeitig in zwei Rillen. Ein
freies Rollen kommt dabei nicht zustande, da die Bohrbewe-
gungen entgegengesetzte Richtung haben. Welche Drehachsenlage sich dabei einstellt, hängt vom Reibmoment ab und wurde
in dem vorangegangenen Kapitel errechnet. Je kleiner der
Rillenteilkreisradius ist, um so größer ist das Verhältnis
$\omega_z/\omega_x = \tan\alpha$; d.h. um so größer ist der Winkel α .

Welcher Winkel sich unter verschiedenen Bedingungen rechnerisch einstellt, ist aus Bild 57 zu ersehen. Daneben

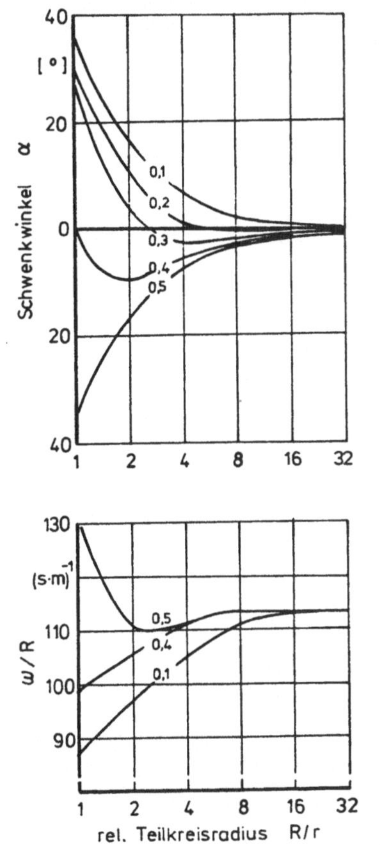

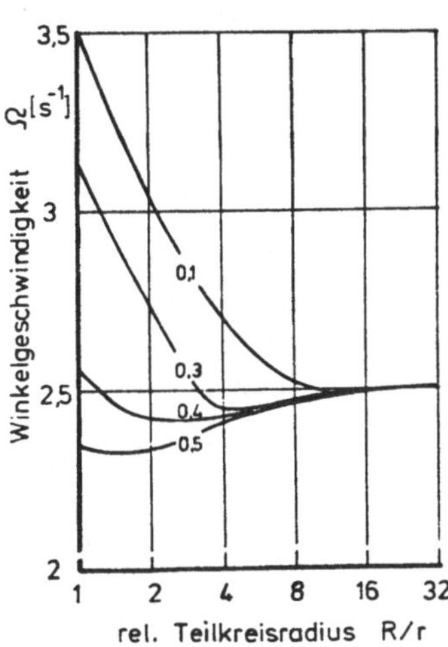

Parameter ist $\mu_{GF} = \mu_{G1} = \mu_{G2}$
sonstige Prozeßparameter: Tab. 3

realistische Werte für μ_{GF}: 0,2....0,5

<u>Bild 57</u>: Kugelbewegung in Abhängigkeit vom Teilkreisradius

sind die die Kugelbewegung charakterisierenden Werte ω und
Ω in ihrer Abhängigkeit von R/r angegeben.

Es zeigt sich, daß das Verhältnis R/r erheblichen Einfluß
auf die Kugelbewegung hat. Allerdings spielen die Reibungs-
verhältnisse dabei eine maßgebende Rolle. Dabei ist es möglich, die Führung der Kugel von der Führungsscheibe ($\alpha < 0$)
auf die Arbeitsscheibe ($\alpha > 0$) zu übertragen.

Der große Einfluß von R/r macht sich auch bei Ω und ω/R
bemerkbar. Mit herkömmlichen Rechenmethoden hätte man wegen
$\omega \cdot R_F = \Omega \cdot R$ erwartet:

$$\omega/R = \Omega/R_F \approx \omega_{PA}/2R_F$$

Diese Relation ist erst für R/r-Werte größer 8 erfüllt.
Analog zu den kinematischen Kennwerten nach Bild 57 erhält man die Reibkräfte wie in Bild 58 dargestellt.

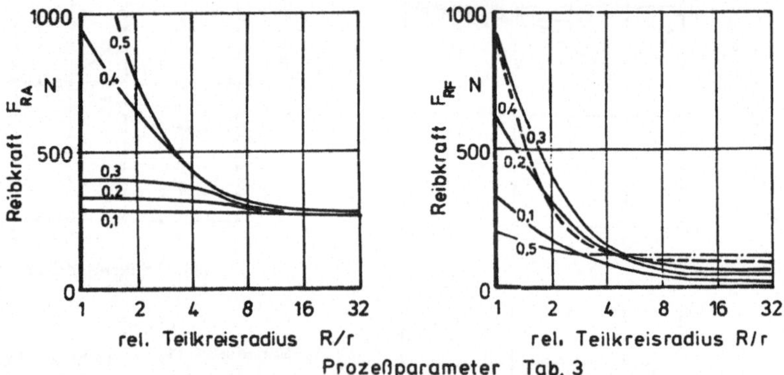

<u>Bild 58:</u> Reibkräfte in Abhängigkeit vom Rillenteilkreis-
radius R mit μ_{GF} als Parameter

Obwohl nur der Gleitreibungskoeffizient der Führungsscheibe μ_{GF} variiert wurde, steigt die Rollreibung in der Arbeitsscheibe mit μ_{GF} erheblich an. Ursache ist die Bohrbewegung. Je nach Werkstoffkombination und Zwischenmedium

können in der Praxis Gleitreibbeiwerte zwischen 0,2 und 0,5 erreicht werden.

Beim freien Rollen der Kugel in einer flachen Rille würde sich eine Drehachsenlage unter dem Winkel:

$$\alpha_G \simeq \arctan(r/R)$$

einstellen. Beim Rollen zwischen zwei konzentrischen Rillen kann der Richtungswinkel zwischen α_G und $-\alpha_G$ schwanken. Welcher Winkel sich auch einstellt, in jedem Falle ist die Rollgleitreibung von einer Bohrbewegung überlagert, die primär in der Führungsscheibe oder der Arbeitsscheibe oder bei beiden zu gleichen Teilen zum Tragen kommt. Die Bohrbewegung hat einen zusätzlichen Reibkraftanteil zur Folge.

Aus Bild 58 ist zu erkennen, daß bei $\mu_{GF} = 0,1$ die Kugel durch die Arbeitsscheibe geführt wird; die Bohrreibung findet primär in der Führungsscheibe statt.

Steigt μ_{GF} wird die Kugel zunehmend von der Führungsscheibe geführt. Die Bohrreibung verlagert sich auf die Arbeitsscheibe und bewirkt einen überproportionalen Anstieg der Reibleistung und damit auch der Schleifleistung. Dieser Effekt macht sich jedoch erst bei einem Verhältnis $R/r < 8$ bemerkbar.

Erhöhtes Reibmoment in der Führungsscheibe bewirkt über die Verlagerung der Bohrbewegung ein erhöhtes Reibmoment in der Arbeitsscheibe. Im vorliegenden Fall wurde dies durch Erhöhung von μ_{GF} erreicht. Eine Erhöhung des Reibmomentes ist jedoch auch durch Erhöhung des Hebelarmes der Reibkraft möglich. Dies erreicht der Praktiker durch einen Einstich im Rillengrund der Arbeits- und/oder der Führungsscheibe. Einstiche im Rillengrund von Schleifscheiben sind nicht üblich.

9.5 Wertung der Ergebnisse

Die Simulation des Kugelbearbeitungsprozesses brachte folgendes Ergebnis:

In den bekannten SKR-Maschinen dominieren die Reibungskräfte gegenüber den Massenkräften. Bei der rechnerischen Untersuchung des Einflusses der Prozeßparameter wurden deshalb das Kreiselmoment und die Fliehkraft nicht berücksichtigt. Die Berechnungen ergaben, daß für alle untersuchten Fälle der Drehrichtungsvektor einer 50 mm-Kugel nach weniger als 1 ms einen nach Betrag und Richtung konstanten Wert einnimmt.

Betrag und Richtung hängen von den Gleitreibungsbeiwerten der verschiedenen Werkzeugteile, der Druckflächenform, der effektiven Rillentiefe, der Richtung der Normalkrafteinleitung, vom Teilkreisradius der Rille und von der Werkzeugbewegung ab. Aufgrund der Vielzahl der möglichen Parameter-Kombinationsmöglichkeiten konnte nur für eine beschränkte Anzahl eine Simulation durchgeführt werden.

Die Kugeldrehachse stellt sich so ein, daß die Reibleistung minimal wird.

Je nach Parameterkonstellation wird die Führung der Kugel mehr oder weniger von der Führungsscheibe übernommen. Ausschlaggebend hierfür ist das Verhältnis der Reibmomente der Kugel in der Führungsscheibe und der Arbeitsscheibe. Das Reibmoment läßt sich durch die Wahl des Werkzeugwerkstoffes und der Rillengeometrie beider Scheiben beeinflussen.

Ein zusätzlicher Einstich im Rillengrund vergrößert das Reibmoment und bewirkt damit eine verstärkte Führung durch diese Scheibe, die den Einstich erhält. Einstiche in Schleifscheiben sind nicht üblich.

Die Simulation ergab, daß die eff. Rillentiefe im vorliegenden
Fall praktisch keinen Einfluß auf die Kugeldrehachse hat.
Beeinflußt werden die Abrollradien der Kugel und der Betrag
der Drehgeschwindigkeit und damit die Reibleistung.

Die Richtung der Krafteinleitung bestimmt die Drehachse
mit. Im vorliegenden Fall ergab sich eine lineare Abhängigkeit zwischen dem Winkel der resultierenden Normalkraft und
der Drehachsenlage.

Werden einzelne Werkzeugteile mit unterschiedlicher Winkelgeschwindigkeit bewegt, nimmt die Reibleistung erheblich
zu, die Kugeldrehachse läßt sich dadurch schwenken. Die
Simulation zeigt , daß zusätzlich bewegte Führungsteile je
nach Drehrichtung,die Drehachse um ca. $\pm$ 30° zu schwenken
vermögen. Der Drehachsenwinkel α besitzt dann, wenn Teil 1
der Kugelführungsscheibe zusätzlich bewegt wird, einen
Grenzwert, der für die Standardparameter nach Tab. 3 bei
$\omega_{P1} = \pm$ 2 [1/sec] erreicht wird.

Deutlichen Einfluß auf den Drehachsenwinkel α und die
Reibkräfte besitzt der Teilkreisradius. Je nachdem welche
Reibungsbeiwerte in den einzelnen Werkzeugteilen vorliegen,
ändern sich beide für Werte $R/r < 8$ teils sehr stark mit
R/r. Für $R/r > 8$ ist eine Abhängigkeit des Achswinkels und
der Reibkraft von R/r praktisch nicht vorhanden.

Will man den Drehachsenwinkel α beeinflussen, so gelingt
dies in der Praxis am wirkungsvollsten durch eine Drehzahl-
änderung einzelner Werkzeugteile bei einem mehr als zweiteiligen Werkzeug oder durch eine schräge Normalkrafteinleitung.
Rillenteilkreisradien, die kleiner sind als 8 Kugelradien,
werden in der Praxis nur für Kugeln größer etwa 100 mm
Durchmesser erzielt.
Durch die Wahl des Prozeßkennwertes C ist der Schmiegungswinkel determiniert, sofern eine ausreichende Rillentiefe

vorliegt. Die effektive Rillentiefe, die bei ausreichender
Rillentiefe durch den Prozeßkennwert C bestimmt ist, verändert den Drehachsenwinkel der Kugel nur geringfügig, beeinflußt aber die Reibkraft sehr stark.

10. ANTRIEBSLEISTUNG VON SKR-KUGELBEARBEITUNGSMASCHINEN

Die Antriebsleistung einer Kugelbearbeitungsmaschine wächst
mit der Reibleistung der Kugeln in der Schleifrille. Die
Reibleistung ist abhängig von der Normalkraft, die auf die
Kugeln wirkt, von der Rillentiefe und von der Drehzahl der
Arbeitsscheibe. Darüber hinaus spielen der Werkzeugwerk-
stoff, der Werkstückwerkstoff sowie das verwendete Kühlschmiermittel eine wichtige Rolle.

Die Antriebsleistung läßt sich als Summe der Reibleistungen
aller in der Schleifscheibenrille befindlichen Kugeln unter
Berücksichtigung des machanischen Wirkungsgrades η_m ermitteln.

$$P_{ges} = z \; P \; / \eta_m \tag{10.1}$$

Die Reibleistung für eine Kugel ergibt sich aus der Summe
aller Scher- und Reibkräfte. Nach Kap. 7.1 kann die Scher-
kraft gegenüber der Reibkraft vernachlässigt werden.

Die Reibleistung P läßt sich nach Gl. (10.2) ermitteln.

$$P = \int_0^{2\pi} q(\varphi) \; \mu_G \, |v(\varphi)| \, r \, d\varphi \tag{10.2}$$

Die Integration erfolgt numerisch analog zur Ermittlung der
kinematischen Kenngrößen in Kap. 9.4.2.

Sind $q(\varphi)$ und $\mu_G(\varphi)$ konstant, erhält man, da dann
$q_0 = F_N / \sqrt{2hr - h^2}$ ist:

$$P = \frac{F_N \mu_G r}{\sqrt{2hr - h^2}} \int_0^{2\pi} |v(\varphi)| \, d\varphi \qquad (10.3)$$

Gl. (10.3) zeigt den Einfluß der verschiedenen Parameter auf
die Reibleistung.

Eine weitere Möglichkeit zur Ermittlung der Reibleistung
besteht bei Verwendung von Gl. (7.3) für kreisförmige
Rillen ohne Einstich; Führungsscheibe (Index F), Arbeitsscheibe (Index A).

$$P = \frac{R F_N}{12} \left(\mu_{GF} \left(\frac{a_F}{r}\right)^2 \Omega + \mu_{GA} \left(\frac{a_B}{r}\right)^2 (\omega_{PA} - \Omega) \right) \qquad (10.4)$$

Die Schleifscheibe bewegt sich, bezogen auf den Kugelmittelpunkt, mit der Winkelgeschwindigkeit $\omega_{PA} - \Omega$ und die Kugelführungsscheibe (auch wenn sie tatsächlich stillsteht)
mit der Winkelgeschwindigkeit $-\Omega$.

Aus Gl. (10.4) ist der Einfluß der verschiedenen Parameter
auf die Antriebsleistung pro Kugel zu ersehen. Setzt man
für $z F_N = F_{ges}$ = Gesamtnormalkraft, so erkennt man, daß
die Zahl z der Kugeln, die sich zwischen den Scheiben be-
finden, bei gleicher Gesamtnormalkraft für die Berechnung
der Maschinenantriebsleistung irrelevant ist.
Für diesen Fall erhält man:

$$P_{ges} = \frac{R F_{ges}}{12 \, \eta_m} \left(\mu_{GF} \left(\frac{a_F}{r}\right)^2 \Omega + \mu_{GA} \left(\frac{a_A}{r}\right)^2 (\omega_{PA} - \Omega) \right) \qquad (10.5)$$

Bild 59 zeigt eine Gegenüberstellung der rechnerisch nach
Gl. (10.2) und Gl. (10.4) ermittelten Werte für

$$\mu_{GF} = 0 \quad ; \quad \mu_{GA} = 0{,}4 \quad .$$

Zum Vergleich sind die Schleifleistungen eingetragen, die
sich mit den in Kap. 7.3 gemessenen Reibkräften ergeben.
Für unterschiedliche Rillentiefen liegen unterschiedliche

Abrollradien R_A und damit auch verschiedene Werte für Ω vor.
Eine Simulationsrechnung ergab die in Bild 59   dargestellten Werte für $\omega_P^x = \omega_{PA} - \Omega$.
Diese Winkelgeschwindigkeiten sind bei der Berechnung zu
berücksichtigen.

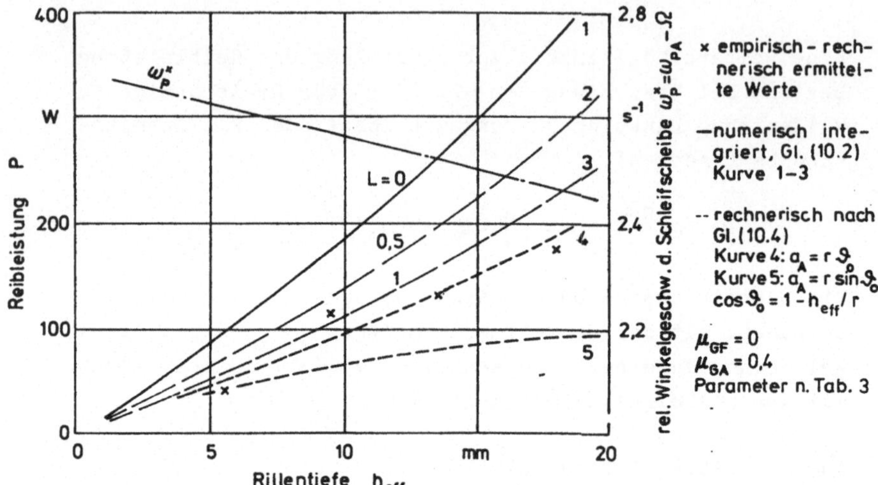

Bild 59: Rechnerische Antriebsleistung (Reibleistung) für
eine Kugel ohne Berücksichtigung der Verluste in
der Führungsscheibe bei verschiedenen effektiven
Rillentiefen

Wie man in Bild 59 erkennen kann, stimmen die empirisch-
rechnerisch ermittelten Werte gut mit den nach Gl. (10.4)
ermittelten Werten überein (Kurve 4), wenn man für die große
Halbachse der Druckfläche $a_A = r\,\vartheta_o$ setzt. Setzt man dagegen
nach Tabor $a_A = r \sin\vartheta_o$, erhält man Kurve 5, die weder abso-
lut noch in der Tendenz den übrigen Kurven entspricht.
Gl. 10.4 ist also mit dem Tabor'schen Ansatz für a_A auf
den Kugelbearbeitungsprozeß nicht anwendbar.

Die numerische Integration der Gl. (10.2) liefert für
μ_{GA} = 0,4 wesentlich größere als die empirisch-rechnerisch
ermittelten Werte. Setzt man für μ_{GA} = 0,2, stimmen die Ergebnisse der Simulation für L = 0 mit den empirisch-rechnerisch gefundenen Werten überein.

Ergänzend sind im Diagramm Bild 59 die Rechenergebnisse
für modifizierte Druckflächenformen (L = 0,5; L = 1) eingetragen. Auch diese Kurven 2 und 3 lassen sich durch ge-
schickte Wahl von μ_{GA} in Kurve 4 überführen.

Unter der Annahme, daß die Druckflächenform, wie in Kap.
6.1.2 gezeigt, rechteckförmig ist und die in Kap. 7.3 ermittelten Reibkräfte repräsentativ sind, muß der Gleit-
reibungsbeiwert 0,2 betragen, da für diesen Wert die Ergebnisse der numerischen Integration mit den gemessenen Reibkräften und Reibleistungen übereinstimmen. In diesem Fall
wäre Gl. (10.4) wie folgt zu modifizieren:

$$P = \frac{R\,F_N}{6} \left(\mu_{GF}\, \vartheta_{OF}^2\, \Omega + \mu_{GA}\, \vartheta_{OA}^2 (\omega_{PA} - \Omega) \right) \qquad (10.6)$$

bzw.

$$P_{ges} = \frac{R\,F_{ges}}{6\,\eta_m} \left(\mu_{GF}\, \vartheta_{OF}^2\, \Omega + \mu_{GA}\, \vartheta_{OA}^2 (\omega_{PA} - \Omega) \right) \qquad (10.7)$$

Gl. (10.6) und (10.7) sind Näherungsgleichungen für die
Reibleistung bzw. Antriebsleistung einer Kugelbearbeitungsmaschine.

Die rechnerisch und empirisch-rechnerisch ermittelten Werte
zeigen übereinstimmend:
Die Reib- und Antriebsleistung wächst proportional mit dem
Quadrat des Schmiegungswinkels oder nahezu proportional mit
der Rillentiefe, wenn bei großen Werten für den Prozeßwert
C der Schmiegungswinkel mit der Rillentiefe wächst.

Der ermittelte Gleitreibwert μ_G = 0,2 liegt erheblich unter
den beim Außenrundschleifen bekannten Werten. Als Ursache
muß die erheblich unterschiedliche Kinematik bei der Kugelbearbeitung angeführt werden. Bei konstantem Gleitreibbeiwert wächst der Rollreibwert und damit die Reibleistung proportional dem Quadrat des Schmiegungswinkels.

11. BEWEGUNGSZONE UND SCHLEIFZONE

Zur Beschreibung der Kugelbewegung denkt man sich eine Kugel
mit dem Radius 1 in einer Hohlkugel gleichen Durchmessers,
z.B. einer Kugelschale nach Bild 60. Die Kugel kann verzöge-
rungsfrei um jede beliebige Achse im Raum gedreht werden.
Mit ihr fest verbunden ist das Koordinatensystem x_B, y_B, z_B.
Sein Ursprung liegt im Kugelmittelpunkt. Die Kugelschale sei
fest mit dem ortsfesten x, y, z-Koordinatensystem verbunden,
das ebenfalls im Kugelmittelpunkt seinen Ursprung hat. Ein
beliebiger Punkt der bewegten Kugel beschreibt dann auf der
Innenfläche der Kugelschale, der Hohlkugel, eine durch die
Kugelbewegung determinierte Kurve. Umgekehrt beschreibt ein
Punkt der Hohlkugel auf der Oberfläche der sich drehenden

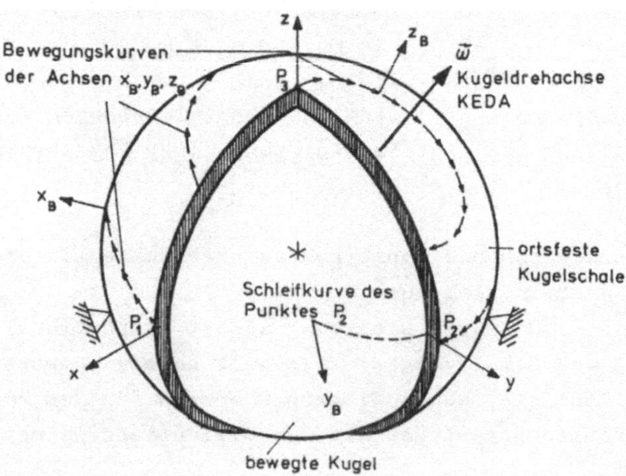

Bild 60: Koordinatensysteme zur Beschreibung der Kugelbewegung, Bewegungskurven und Schleifkurve

Kugel eine Kurve. Die Hohlkugel entspricht der Schleifscheibenrille im Bereich der Berührungslinie Kugel-Rille.
Greift man aus der Berührungslinie Kugel-Rille einen Punkt
heraus, der auf der Schleifscheibe bzw. der Kugelschale
liegt, und ermittelt man alle Punkte auf der Kugeloberfläche, die nacheinander die Schleifscheibe dort berühren, so
erhält man die Schleifkurve. Die Schleifkurve ist folglich
die Beschreibung eines Punktes des x, y, z-Koordinatensy-
stems mit festen Koordinaten im x_B, y_B, z_B-Koordinatensy-
stem.
Die rechnerische Ermittlung erfolgt durch Koordinatentrans-
formation. Dazu muß die Stellung des x_B, y_B, z_B-Koordinaten-
systems bekannt sein.

Die Zone in der die Schleifkurve liegt, ist die Schleifzone
des gewählten Punktes. Um die Schleifzone aller Punkte der
Kontaktlinie zu ermitteln, genügt im allgemeinen die Berechnung weniger Schleifkurven.

Die Bewegungskurve eines Punktes der bewegten Kugel erhält
man, wenn man dessen Lage in dem raumfesten Koordinatensystem in Abhängigkeit von der Zeit rechnerisch ermittelt.
Die Bewegungskurve ist folglich die Beschreibung eines festen Punktes im bewegten x_B, y_B, z_B-Koordinatensystem im
ortsfesten x, y, z-Koordinatensystem. Die Zone der Hohlkugel, in der die Bewegungskurve verläuft, ist die Bewegungszone.

Die Kugelbewegung ist durch Betrag und Richtung des Winkelgeschwindigkeitsvektors determiniert. Jede Komponente der
Winkelgeschwindigkeit besitzt im allgemeinen einen Basis-
wert ω_{xo}, ω_{yo}, ω_{zo}, sowie eine diesem überlagerte veränderliche Komponente. Die Veränderung kann periodisch oder
aperiodisch mit den Winkelgeschwindigkeitsamplituden ω_{Ax},
ω_{Ay}, ω_{Az} erfolgen. Die Periodendauer der Veränderung wird
mit den Variablen T_{Px}, T_{Py}, T_{Pz} angegeben. Die Kehrwerte der
Periodendauern sind die Änderungsfrequenzen f_x, f_y, f_z. Mit

ihnen lassen sich die Änderungsgeschwindigkeiten ω_{Dx}, ω_{Dy}, ω_{Dz} ermitteln.

Die Basiswerte ω_{yo}, ω_{zo} der Winkelgeschwindigkeits-Komponenten sowie die Amplitude ω_{Ax} der Änderung der x-Komponente werden in den folgenden Kapiteln als verschwindend klein angenommen. Eine weitere Vereinfachung wird durchgeführt, indem $\omega_{Ay} = \omega_{Az} = \omega_A$ und $\omega_{Dy} = \omega_{Dz} = \omega_D$ gesetzt wird. Die Zeit für eine Kugeldrehung um die x-Achse wird Drehdauer T_K, der Kehrwert Drehfrequenz f_O genannt; die Änderungsfrequenz ist $f_D = \omega_D/(2\pi)$, die Periodendauer der Änderung T_p.

Für die Winkelgeschwindigkeit

$$\vec{\omega}(t) = \begin{Bmatrix} \omega_{xo} \\ \omega_A \sin(\omega_D t) \\ \omega_A \cos(\omega_D t) \end{Bmatrix}$$

hat Finzi /F6/ die Bewegungskurven und die Schleifkurven für bestimmte Quotienten der Änderungsfrequenz zur Drehfrequenz, nachfolgend Änderungsquote genannt, untersucht und festgestellt, daß beide analoge Eigenschaften besitzen:

Ausgewählte Punkte durchlaufen die gesamte Oberfläche der Hohlkugel und kehren in sich zurück, andere bewegen sich auf einem Kugelgroßkreis senkrecht zur x-Achse.

Im Trivialfall mit:

$$\vec{\omega} = \begin{Bmatrix} \omega_{xo} \\ \omega_{yo} \\ \omega_{zo} \end{Bmatrix} = \text{konstant}$$

sind alle Bewegungskurven und Schleifkurven Kreise.

Jeder Punkt der Schleifscheibe in der Berührungslinie Kugel-Rille beschreibt auf der bewegten Kugel eine Schleifkurve, die in einer Kugelzone liegt und abhängig vom Bewegungsmuster der KEDA entweder auf einen Kreis reduziert ist oder die gesamte Hohlkugel überdeckt. Im Idealfall durchläuft die

Schleifkurve jedes Punktes der Kontaktlinie die gesamte
Oberfläche der Kugel.

Für die Bewegungskurve gilt das gleiche: Jeder Punkt der
Kugel sollte im Idealfall die gesamte Oberfläche der Hohlkugel durchlaufen. Dadurch wäre sichergestellt, daß jeder
Punkt der Kugeloberfläche die Schleifscheibenrille an verschiedenen Stellen mit gleicher Häufigkeit berührt, wodurch
eine gleichmäßige Bearbeitung der gesamten Kugeloberfläche
und damit eine hohe Formgenauigkeit der Kugel sichergestellt
wäre. Da nicht jeder Punkt untersucht werden kann, wird eine
Beschränkung auf drei charakteristische Punkte durchgeführt
und zwar auf die Durchstoßpunkte der positiven Koordinatenachsen. Dies sind die Punkte $P_1 = \{1,0,0\}$, $P_2 = \{0,1,0\}$
und $P_3 = \{0,0,1\}$.

Da die Schleifkurve in ihrer Charakteristik der Bewegungskurve entspricht und die Bewegungskurve die Kugelbewegung
anschaulich beschreibt, werden im folgenden nur die Bewegungskurven untersucht.

Zur Beschreibung der Kugelbewegung wird der Richtungswinkel β eingeführt. Er läßt sich aus dem Richtungskosinus x/r
ermitteln: $\beta = \arccos x/r$. $\Delta\beta$ ist ein Maß für die Breite der
Bewegungszone und kann maximal 180° betragen.

11.1 Das Differentialgleichungssystem zur Beschreibung der Kugelbewegung und dessen Lösung

Ist der Kugelmittelpunkt ortsfest und das Bewegungsgesetz
bekannt

$$\omega(t) = \{\omega_x, \omega_y, \omega_z\} \quad ,$$

so läßt sich die Bewegung eines Punktes mit Hilfe der

Vektordifferentialgleichung

$$d\vec{r}/dt = \vec{\omega}(t) \times \vec{r}(t)$$

(11.1)

beschreiben.

Für $\vec{\omega}(t) = \vec{\omega} =$ konstant läßt sich die DGl. in der Form

$$d\vec{r}/dt = \alpha \, \vec{r}$$

schreiben und mit dem Ansatz

$$\vec{r} = \vec{a} \, e^{\lambda t} \quad , \quad d\vec{r}/dt = \lambda \, \vec{a} \, e^{\lambda t}$$
$$(\alpha - \lambda \, \mathcal{E}) = 0$$

$\alpha =$ Koeffizientenmatrix, $\mathcal{E} =$ Einheitsmatrix

lösen.

Auch ohne rechnerischen Nachweis übersieht man sofort, daß ein Punkt der Kugeloberfläche bei konstanter Richtung der KEDA einen Kreis beschreibt.

Gl. (11.1) lautet in Komponentenschreibweise:

$$
\begin{aligned}
\dot{x} &= \omega_y \, z - \omega_z \, y \\
\dot{y} &= \omega_z \, x - \omega_x \, z \\
\dot{z} &= \omega_x \, y - \omega_y \, x
\end{aligned}
$$

(11.2)

Sie läßt sich in allgemeiner Form nicht geschlossen lösen. Finzi hat für einen Sonderfall eine Lösung gefunden. Wegen der Länge der ermittelten Gleichungen sowie zahlreicher Substitutionen und Abstraktionen sind diese schwer zu handhaben. Einfacher und übersichtlicher gelingt dies durch numerische Integration mit Hilfe eines Digitalrechners.

Dazu sind die Differentiale in Differenzen umzuschreiben:

$$d\vec{r}/dt \triangleq \Delta\vec{r}/\Delta t$$

Folgende Rekursionsformel ermöglicht die Lösung von
Gl. (11.1):

$$\vec{r}(t+\Delta t) = \vec{r}(t) + \Delta\vec{r}(t) \qquad\qquad (11.3)$$

Da $\Delta\vec{r}(t)$ eine Tangente an die Kugel darstellt, ist
$r(t + \Delta t) > r(t)$. Nach jedem Rechenschritt ist deshalb
eine Radiuskorrektur notwendig, bei der die Richtungskosinus erhalten bleiben. Diese Forderung führt zu der
Gleichung:

$$\vec{r}(t+\Delta t) = \frac{\vec{r}(t) + \Delta\vec{r}(t)}{|\vec{r}(t) + \Delta\vec{r}(t)|} \cdot r \qquad\qquad (11.4)$$

Für den allgemeinen Fall von $\omega(t)$ ist die Bewegungskurve
eines Punktes P sowohl in Umfangsrichtung als auch senkrecht zur Kugeloberfläche gekrümmt. $\Delta\vec{r}$ hat die Richtung
der Bahntangente. Für endliche Werte von Δt liefert die
Gleichung (11.3) daher eine Näherungslösung. Die Abweichung vom tatsächlichen Verlauf läßt sich durch die Wahl
von Δt gering halten.

Für die folgenden Berechnungen ist Δt so gewählt, daß
sich Bewegungsabschnitte ergeben, bei denen die Kugeldrehung weniger als 0,05 Winkelgrade beträgt.

Es ist Ziel der folgenden Untersuchungen, die Bewegungskurven ausgewählter Punkte der Kugeloberfläche für verschiedene Bewegungsmuster der KEDA rechnerisch zu ermitteln. Wie in Bild 47 dargestellt, ist die x-Achse des
x, y, z-Koordinatensystems radial nach außen gerichtet.
Die y-Achse stellt eine Tangente an den Rillenteilkreis
dar, die z-Achse ist auf die Führungsscheibe gerichtet.
Die x, y, z- und x_B, y_B, z_B-Koordinatensysteme sind zum
Zeitpunkt Null identisch. Ist die Stellung des x_B, y_B, z_B-
Koordinatensystem zu jedem Zeitpunkt bekannt, läßt sich jeder Punkt x, y, z $= \vec{r}$ z.B. ein Punkt aus der Kontaktlinie Kugel-Rille in das x_B, y_B, z_B-Koordinatensystem

transformieren und so die Schleifkurve berechnen. Die
Transformationsmatrix ist duch die Einheitsvektoren $\vec{e}_1(t)$,
$\vec{e}_2(t)$, $\vec{e}_3(t)$ der Koordinatenachsen des x_B, y_B, z_B-Koordi-
natensystem gegeben.

Es gilt:

$$\vec{r}_B(t) \;=\; \begin{Bmatrix} \vec{e}_1(t) \\ \vec{e}_2(t) \\ \vec{e}_3(t) \end{Bmatrix} \vec{r} \tag{11.5}$$

Die Einheitsvektoren des mit der Kugel bewegten Koordinatensystems sind Funktionen der Zeit. Jeder Vektor beschreibt
die Bewegungskurve für den Durchstoßpunkt der positiven
Koordinatenachse mit der Kugel mit dem Radius 1.

Die Bewegungskurve eines beliebigen Punktes der Kugel erhält
man durch folgende Transformationsgleichung

$$\vec{r} \;=\; \{\vec{e}_1(t), \vec{e}_2(t), \vec{e}_3(t)\}\, \vec{r}_B \tag{11.6}$$

Da sich die Bewegungskurven aller Punkte der bewegten Kugel aus den Bewegungskurven der Einheitsvektoren ableiten
lassen, sind diese die charakteristischen Bewegungskurven.
Man ermittelt sie nach der Rekursionsformel (11.3), wobei
$\Delta\vec{r}$ unter Anwendung von Gl. (11.2) wie folgt ermittelt
wird:

$$\Delta\vec{r} \;=\; \begin{Bmatrix} \Delta x \\ \Delta y \\ \Delta z \end{Bmatrix} \;=\; \begin{Bmatrix} \dot{x} \\ \dot{y} \\ \dot{z} \end{Bmatrix} \Delta t \tag{11.7}$$

Der Rechengang ist schematisch in Bild 61 dargestellt.

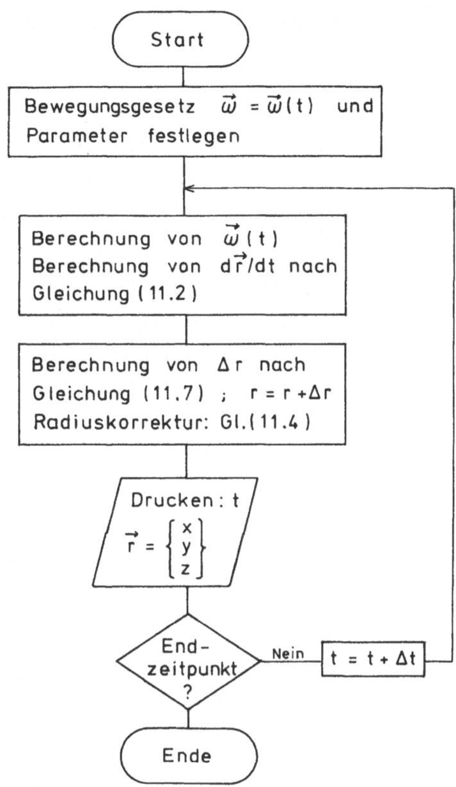

Bild 61: Schematische Darstellung der Ermittlung der Bewegungskurven durch numerische Integration

11.2 Bewegungskurven für verschiedene Bewegungsformen der KEDA

Ist der Kugelmittelpunkt ortsfest, was bei gleichem Abrollradius dadurch zu erreichen ist, daß Führungs- und Schleifscheibe mit gleichgroßer Geschwindigkeit in entgegengesetzte Richtung gedreht werden, dann ändert sich $\vec{w}$, von der Beschleunigungsphase abgesehen, nur dann mit der Zeit,

wenn sich Prozeßparameter oder die Rillengeometrie mit der
Zeit ändern.

Eine zeitlich konstante Winkelgeschwindigkeit der Kugel ist
an folgende Voraussetzungen geknüpft:

> homogene Rillenoberfläche
> gleichförmige Rillengeometrie
> ideal runde Kugel
> homogene Kugeloberfläche
> zeitlich konstante Normalkraft
> zeitlich konstante Werkzeugdrehung
> Ausschluß von Störungen

Abweichungen der Kugel von der Kugelform oder der Rille von
einer gleichförmigen Rotationsfläche um die Scheibenachse
werden eine Schwenkung der Drehachse hervorrufen. Die beschriebenen Abweichungen sind in der Feinbearbeitung gering, was zur Folge hat, daß auch die Schwenkwinkel klein
sein werden. Beobachtungen in der Praxis bestätigen diese
Schlußfolgerung. In den bekannten Kugelbearbeitungsmaschinen ist daher der Drehrichtungsvektor $\vec{\omega}$ der Kugel während
eines Durchlaufs in Betrag und Richtung näherungsweise konstant. Dieser Fall bedarf keiner näheren Untersuchung, da
man die Kugelbewegung leicht übersieht: Alle Kugelpunkte beschreiben Kreise. Je nach Stellung der Drehachse bleibt ein
mehr oder minder großer Raumwinkel im Bereiche der Pole unbearbeitet, Bild 62.

Losgelöst von der Kugelkinematik beim SKR-Verfahren und
ohne Beleuchtung der Möglichkeiten einer konstruktiven
Realisierung werden in den folgenden Kapiteln Bewegungs-
gesetze formuliert, für die die charakteristischen Bewegungskurven ermittelt werden.

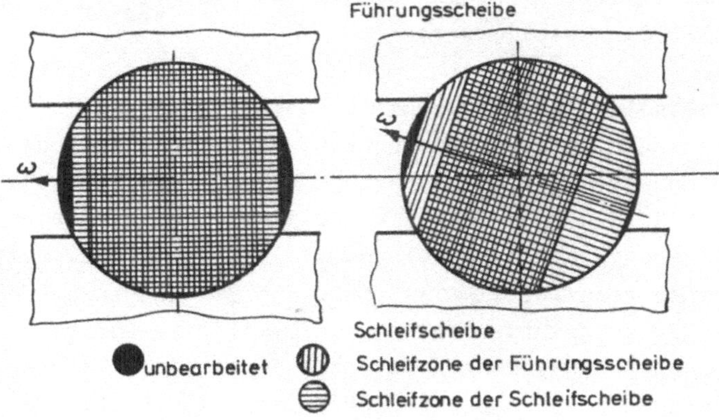

Bild 62: Schleifzonen bei konstanten, aber verschiedenen
Richtungen der Kugeleigendrehachse

11.2.1 Umlaufende KEDA

Eine solche Kugelbewegung ist gegeben durch

$$
\vec{\omega} = \left\{ \begin{array}{l} \omega_{xo} \\ \omega_{Ay}\sin(\omega_{Dy}t) \\ \omega_{Az}\sin(\omega_{Dz}t - \varphi_z) \end{array} \right\} \tag{11.8}
$$

Die Spitze des Winkelgeschwindigkeitsvektors beschreibt
dabei im allgemeinen Fall Lissajou'sche Figuren.
Sind die Amplituden sowie die Änderungsfrequenzen der Winkelgeschwindigkeitskomponenten gleich groß ($\omega_{Ay} = \omega_{Az} = \omega_A$ und
$\omega_{Dy} = \omega_{Dz} = \omega_D$), so beschreibt die Spitze eine Ellipse je nach
Wahl von φ_z . Für $\varphi_z = 0$ ergibt sich eine Gerade unter dem
Winkel 45° für $\varphi_z = \pm \pi/2$ ein Kreis. Die KEDA beschreibt für
$\varphi_z = \pm \pi/2$ einen Kegel.

Der Drehrichtungsvektor liegt in der Kugeleigendrehachse
KEDA. In der Praxis ist eine KEDA-Bewegung nach Gl. (11.8)

in SKR-Maschinen praktisch nicht erreichbar. Trotzdem sollen
nachfolgend die Bewegungszonen der charakteristischen Kugelpunkte dargestellt werden.

Ist die Änderungsfrequenz für den Winkelgeschwindigkeitsvektor gleich der Drehfrequenz, dann durchläuft der Punkt P_1
die gesamte Oberfläche der Hohlkugel, $\Delta\beta = 180°$. Das gilt
auch für den Punkt P_2. Die Breite der Bewegungszone von P_3
ist verschwindend schmal und ist auf einen Kreis um die
x-Achse reduziert, $\Delta\beta = 0$, wie aus Bild 63 zu erkennen ist.
Die Bewegungskurven der spiegelbildlichen Punkte von P_1, P_2,
P_3 besitzen Bewegungszonen, die denen von P_1, P_2, P_3 entsprechen. Für die Breite der Bewegunszonen aller anderen
Punkte gilt: $0 < \Delta\beta < 180°$.

$$\beta = \arccos(x/r) \tag{11.9}$$

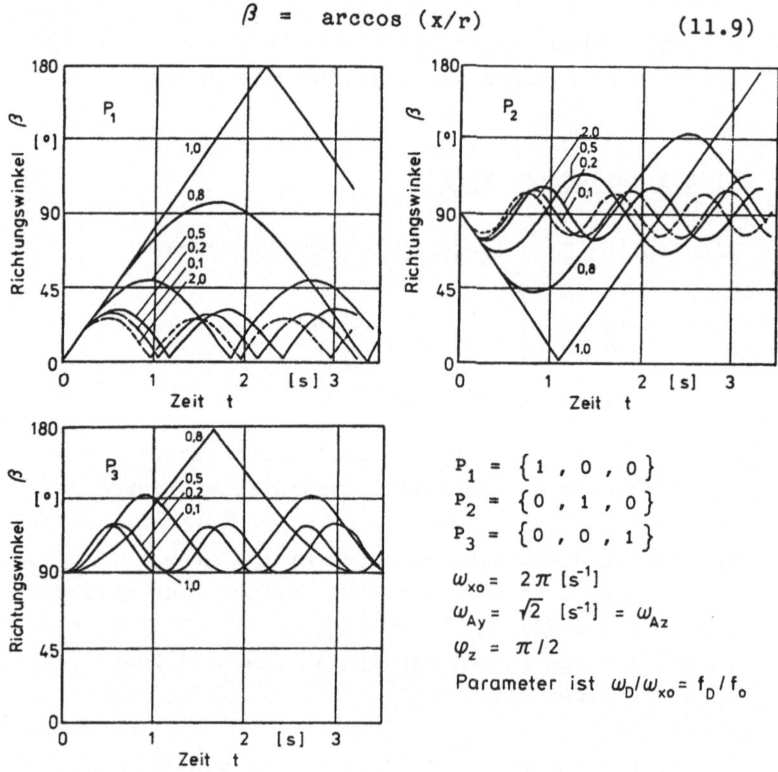

$P_1 = \{1, 0, 0\}$
$P_2 = \{0, 1, 0\}$
$P_3 = \{0, 0, 1\}$

$\omega_{xo} = 2\pi \ [s^{-1}]$
$\omega_{Ay} = \sqrt{2} \ [s^{-1}] = \omega_{Az}$
$\varphi_z = \pi/2$

Parameter ist $\omega_D/\omega_{xo} = f_D/f_o$

__Bild 63:__ Richtungswinkel der Punkte P_1, P_2 und P_3 in Abhängigkeit von der Zeit bei umlaufender KEDA

Reduziert man die Amplitude der Winkelgeschwindigkeitsänderung, so ändern sich dadurch die Bewegungszonen der Punkte P_1, P_2, P_3 nicht. Mit der Amplitude wächst jedoch die Geschwindigkeit, mit der die Bewegungszonen durchlaufen werden. Weicht die Phasenverschiebung φ_z von $\pi/2$ ab, so ist damit eine Einengung der Bewegungszone der Punkte P_1 und P_2 verbunden.

Weicht die Änderungsfrequenz von der Drehfrequenz ab, so reduziert sich die Breite der Bewegungszone der Punkte P_1 und P_2. Sie wächst für den Punkt P_3 bis zu einer Abweichung von ca. 20 % und fällt danach ab. Je größer der Unterschied zwischen Änderungsfrequenz und Drehfrequenz ist, desto schmaler sind die Bewegungszonen. Dies gilt analog auch für die spiegelbildlichen Punkte. Bild 63 zeigt für P_1, P_2 und P_3 die Richtungswinkel in Abhängigkeit von der Zeit für verschiedene Verhältnisse der Änderungsfrequenz zur Drehfrequenz. Die Bewegungszonenbreiten aller anderen Punkte der Kugeloberfläche verhalten sich bei einer abweichenden Änderungsfrequenz analog.
Eine Vergrößerung der Amplitude der Winkelgeschwindigkeitsänderung führt zu einer breiteren Bewegungszone und umgekehrt. Dies gilt für alle Punkte der Kugeloberfläche. Im Bild 64 sind die Bewegungskurven der Punkte P_1, P_2 und P_3 für das Verhältnis Änderungsfrequenz zu Drehfrequenz gleich 0,8 abgebildet. Die Richtungswinkel dieser Kurven sind in Abhängigkeit von der Zeit im Bild 64 zu sehen.

Allgemein gilt für die Kugelbewegung bei einer umlaufenden KEDA: Die Breite der Bewegungszone hängt ab von den Koordinaten des betrachteten Punktes, von der Änderungsfrequenz des Winkelgeschwindigkeitsvektors, von der Amplitude der Winkelgeschwindigkeitsänderung sowie von der Phasenverschiebung zwischen der y- und z-Komponente des Winkelgeschwindigkeitsvektors. Das Ziel, daß alle Punkte der Kugel die gesamte Oberfläche der Hohlkugel durchlaufen, wird nur für die Punkte P_1, P_2, $-P_1$ und $-P_2$ erreicht.

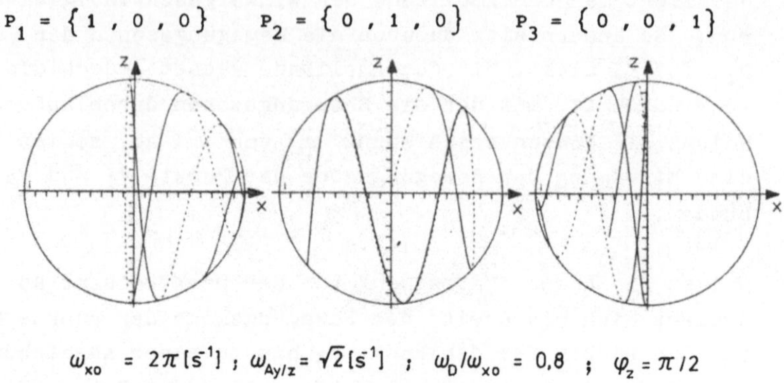

$$\omega_{xo} = 2\pi\,[s^{-1}]\ ;\ \omega_{Ay/z} = \sqrt{2}\,[s^{-1}]\ ;\ \omega_D/\omega_{xo} = 0{,}8\ ;\ \varphi_z = \pi/2$$

Bild 64: Bewegungskurven und Bewegungszonen der Punkte P_1,
P$_2$ und P$_3$ bei umlaufender KEDA

11.2.2 Sinusförmig pendelnde KEDA in der x, z-Ebene

Die x-Komponente des Winkelgeschwindigkeitsvektors wird
konstant gehalten, die z-Komponente nach einer Sinusfunk-
tion verändert. Das Bewegungsgesetz für diesen Fall lautet:

$$\vec{\omega} = \left\{ \begin{array}{l} \omega_{xo} \\ 0 \\ \omega_A \sin(\omega_D\, t) \end{array} \right\} \tag{11.10}$$

Die KEDA pendelt in der x, z-Ebene mit der Frequenz f_D zwischen den Extremwerten der Bohrbewegung ω_A und $-\omega_A$. Der Betrag von $\vec{\omega}$ variiert in diesem Fall, je nachdem, wie groß
ω_A gewählt wird.

Eine pendelnde KEDA ist in der Praxis z.B. durch zusätzlich
bewegte Werkzeugteile erreichbar, vgl. Kap. 9.4.3.5.

Ist die Änderungsfrequenz für den Winkelgeschwindigkeitsvektor gleich der Drehfrequenz, dann durchläuft der Punkt
P_1 nahezu die gesamte Oberfläche der Hohlkugel, $\Delta\beta \simeq 180°$.
Das gilt auch für den Punkt P_3. Die Bewegungszone von P_2
liegt in der Kugelmitte, $\beta \simeq 90°$, und ist sehr schmal, vgl.
Bild 65. Die Bewegungskurven der spiegelbildlichen Punkte

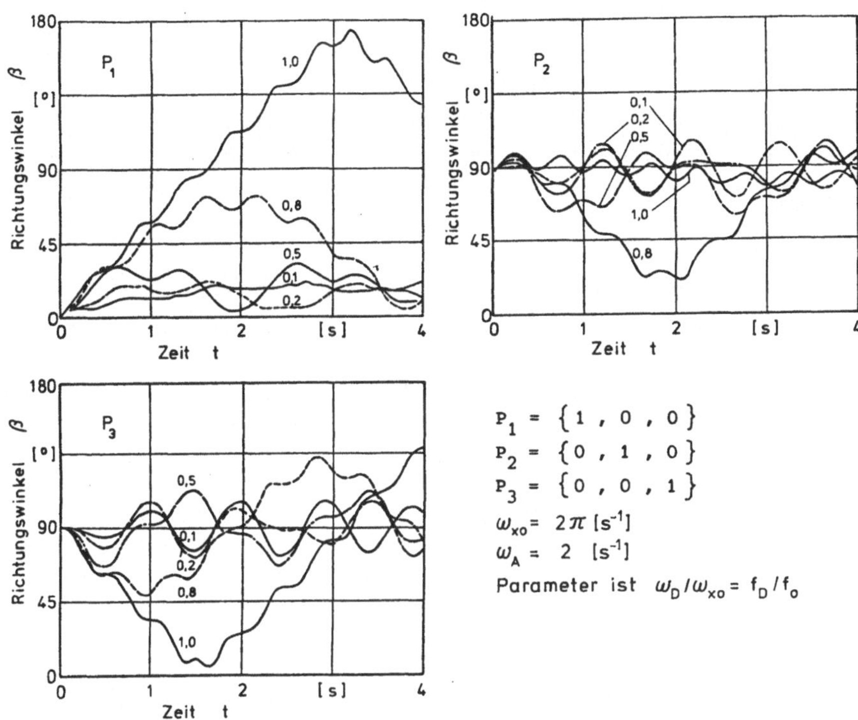

$$P_1 = \{1, 0, 0\}$$
$$P_2 = \{0, 1, 0\}$$
$$P_3 = \{0, 0, 1\}$$
$$\omega_{xo} = 2\pi \ [s^{-1}]$$
$$\omega_A = 2 \ [s^{-1}]$$
Parameter ist $\omega_D/\omega_{xo} = f_D/f_o$

Bild 65: Richtungswinkel der Punkte P_1, P_2 und P_3 in Abhängigkeit von der Zeit bei sinusförmig pendelnder
KEDA

von P_1, P_2 und P_3 besitzen Bewegungszonen, die denen von
P_1, P_2 und P_3 entsprechen. Für die Breite der Bewegungszone
aller anderen Punkte gilt: $\Delta\beta(P_2) < \Delta\beta(P_x) < \Delta\beta(P_1)$.
Reduziert man die Amplitude der Winkelgeschwindigkeitsände-
rung, so ändern sich dadurch die Bewegungszonen der Punkte
P_1, P_2 und P_3 nicht. Mit der Amplitude wächst jedoch die Geschwindigkeit, mit der die Bewegungszonen durchlaufen werden.

Weicht die Änderungsfrequenz von der Drehfrequenz ab, so reduziert sich die Breite der Bewegungszone der Punkte P_1 und
P_3. Sie wächst für den Punkt P_2 bis zu einer Abweichung von
ca. 20 % und fällt danach ab. Je größer der Unterschied zwischen Änderungsfrequenz und Drehfrequenz ist, desto schmaler
sind die Bewegungszonen. Dies gilt auch für die spiegelbildlichen Punkte. Bild 65 zeigt für P_1, P_2 und P_3 die Richtungswinkel in Abhängigkeit von der Zeit für verschiedene
Verhältnisse der Änderungsfrequenz zur Drehfrequenz. Die Bewegungszonenbreiten aller anderen Punkte der Kugeloberfläche
verhalten sich bei einer abweichenden Änderungsfrequenz analog.

Eine Vergrößerung der Amplitude der Winkelgeschwindigkeitsänderung führt zu einer breiteren Bewegungszone und umgekehrt. Im Bild 66 sind die Bewegungskurven der Punkt P_1,
P_2, P_3 für das Verhältnis Änderungsfrequenz zu Drehfrequenz
gleich 0,8 abgebildet. Die Richtungswinkel dieser Kurven
sind in Abhängigkeit von der Zeit im Bild 65 zu sehen.

$$P_1 = \{\,1\,,\,0\,,\,0\,\} \qquad P_2 = \{\,0\,,\,1\,,\,0\,\} \qquad P_3 = \{\,0\,,\,0\,,\,1\,\}$$

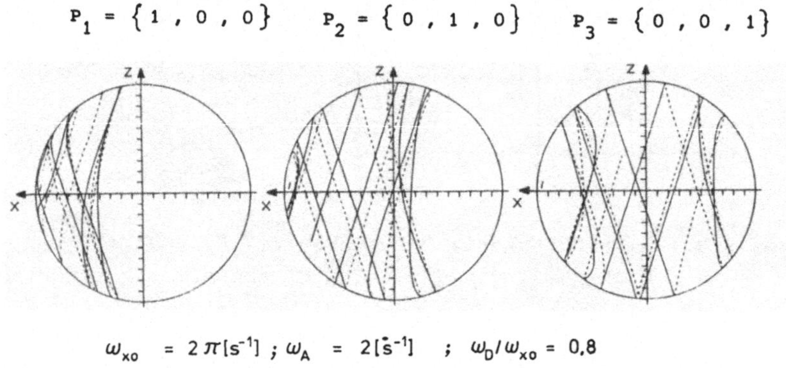

$$\omega_{xo} = 2\,\pi\,[s^{-1}]\;;\;\omega_A = 2\,[s^{-1}]\quad;\quad \omega_D/\omega_{xo} = 0{,}8$$

Bild 66: Bewegungskuven und Bewegungszonen der Punkte P_1,
$\qquad\quad P_2$ und P_3 bei sinusförmig pendelnder KEDA

Der Punkt P_1 besitzt zu Beginn der Kugelbewegung den Richtungswinkel 0°. Im Laufe der Bewegung wächst er bis zum
Winkel β_{max}, der damit ein Maß für die Breite der Bewegungszone ist.

Bild 67 zeigt im linken Diagramm in Abhängigkeit von der
Änderungsquote und der Amplitude der Winkelgeschwindigkeitsänderung die maximal erreichbaren Richtungswinkel. Daneben
ist im rechten Diagramm die Zykluszeit für einen Zonendurchlauf angegeben, d.h. die Zeit, die vergeht, bis der Punkt P_1
in seine Ausgangsposition zurückkehrt. Mit steigender Winkelgeschwindigkeitsamplitude reduziert sich die Zykluszeit.

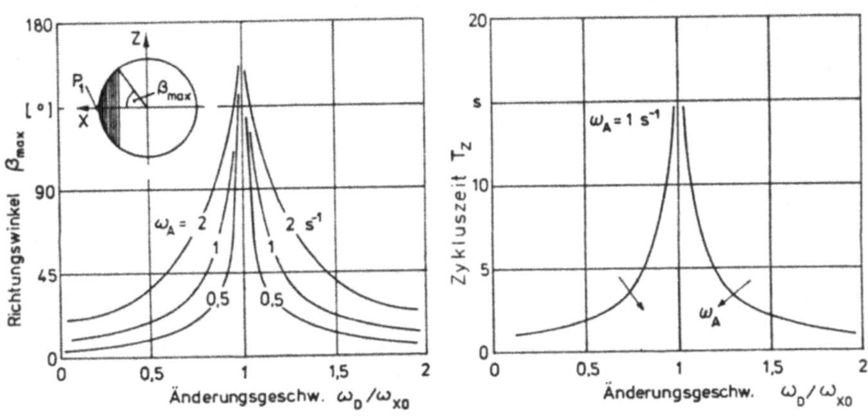

Bild 67: Einfluß der Änderungsgeschwindigkeit der KEDA
auf der Breite der Bewegungszone und die Zykluszeit T_Z für den Punkt P_1

Im allgemeinen gilt für die Kugelbewegung bei pendelnder
KEDA das gleiche wie bei umlaufender KEDA: Das Ziel, daß
alle Punkte der Kugel die gesamte Oberfläche der Hohlkugel
durchlaufen, wird nur für wenige Punkte erreicht.

Aus den errechneten Werten läßt sich eine Näherungsformel
für β_{max} ermitteln. Es ist:

$$\beta_{max} \;\simeq\; |\,\omega_A /(\omega_D - \omega_{xo})\,| \tag{11.11}$$

Für $\omega_D = \omega_{xo}$ geht β_{max} gegen Unendlich bzw. gegen 180°, da
für Winkel größer 180° die Kurve in sich zurückkehrt.

Die Gleichung gilt für den Punkt P_1 und tendenziell für
Punkt P_3. Für Punkt P_2 ist die Bewegungszone bei
$\omega_D / \omega_{xo} = 0,8$ am breitesten.

Für die Zykluszeit T_z für einen Zonendurchlauf gilt im vorliegenden Fall näherungsweise bei $\omega_A = 1\ s^{-1}$:

$$T \;\simeq\; |\,2\,\pi /(\omega_D - \omega_{xo})\,| \tag{11.12}$$

Die Zykluszeit ist für alle Punkte der Kugeloberfläche
gleich.

Dreht man die Schwenkebene der KEDA um einen beliebigen
Winkel, um die x-Achse, so erhält man analoge Bewegungskurven für den Punkt P_1, die gegenüber den ermittelten
phasenverschoben sind. Die Punkte P_2 und P_3 ändern bzw.
vertauschen ihre Charakteristik.

<u>11.2.3 Sprungförmige Änderung der KEDA in der x,z-Ebene nach
einer Rechteckfunktion</u>

Eine Rechteckfunktion läßt sich als Superposition einer un-
endlichen Reihe harmonischer Schwingungen auffassen, z.B.

$$\vec{\omega} \;=\; \{\,\omega_{xo}\,,\ 0\,,\ \omega_z\,\} \tag{11.13}$$

$$\omega_z \;=\; \frac{4\,\omega_A}{\pi} \sum_{1}^{\infty} \frac{\sin((2n-1)\,\omega_D\,t)}{2n-1} \qquad n = 1,2,3\ldots$$

Zur Ermittlung von ω mit Hilfe eines Digitalrechners bietet
sich die Form

$$\omega_z = \omega_A (-1)^{\mathrm{Int}(\omega_D t / \pi)} \qquad (11.14)$$

an, wobei Int $(\omega_D t / \pi)$ den ganzzahligen Wert des Quotienten
angibt, Dezimalstellen bleiben unberücksichtigt.

Die KEDA nimmt in diesem Fall zwei konstante Lagen ein

$$\omega_{z1} = \left\{ \omega_{xo} , 0 , \omega_A \right\} \quad \text{und} \quad \omega_{z2} = \left\{ \omega_{xo} , 0 , -\omega_A \right\}$$

In jeder Lage sind die Bewegungskurventeilstücke Kreise, um
die Drehachse, die zusammengesetzt die Bewegungskurve ergeben. Die Richtungswinkel der Bewegungskurven für die Punkte
P_1, P_2 und P_3 bei verschiedenen Änderungsquoten zeigt Bild 68.

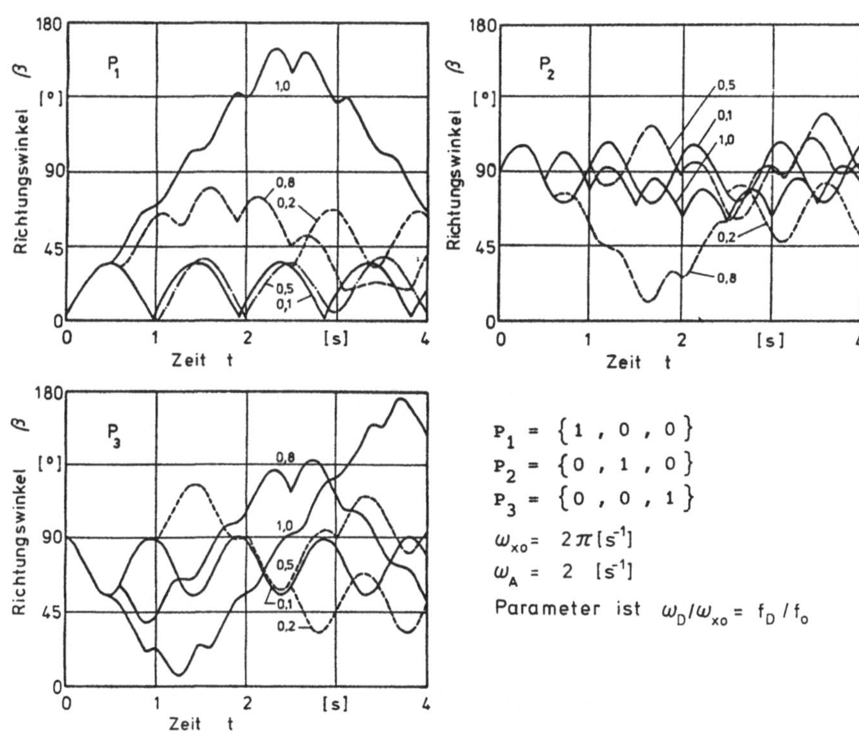

$$P_1 = \left\{ 1 , 0 , 0 \right\}$$
$$P_2 = \left\{ 0 , 1 , 0 \right\}$$
$$P_3 = \left\{ 0 , 0 , 1 \right\}$$
$$\omega_{xo} = 2\pi \, [\mathrm{s}^{-1}]$$
$$\omega_A = 2 \, [\mathrm{s}^{-1}]$$

Parameter ist $\omega_D / \omega_{xo} = f_D / f_o$

Bild 68: Richtungswinkel der Punkte P_1, P_2 und P_3 in Abhängigkeit von der Zeit bei sprungförmiger Änderung
der KEDA nach einer Rechteckfunktion

Bei sprungförmiger Änderung der KEDA nach einer Rechteckfunktion (Gl. 11.13 und 11.14) zeigen die Bewegungskurven
die gleiche Charakteristik wie bei einer pendelnden oder umlaufenden KEDA, vgl. Bild 68. Die im Kapitel 11.2.2 gemachten Aussagen gelten in gleicher Weise auch für die vorliegende sprungförmige Änderung der KEDA. Bild 69 zeigt die Bewegungskurven der Punkte P_1, P_2 und P_3 für die Änderungsquote 0,8.

$$P_1 = \left\{ 1 , 0 , 0 \right\} \qquad P_2 = \left\{ 0 , 1 , 0 \right\} \qquad P_3 = \left\{ 0 , 0 , 1 \right\}$$

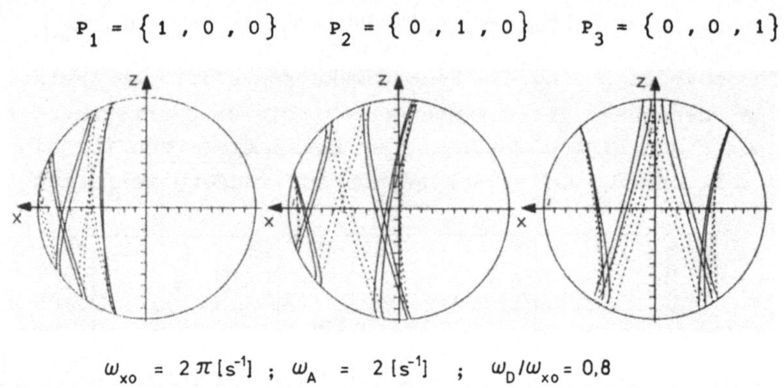

$$\omega_{xo} = 2\,\pi\,[s^{-1}] \; ; \; \omega_A = 2\,[s^{-1}] \; ; \; \omega_D/\omega_{xo} = 0,8$$

__Bild 69:__ Bewegungskurven und Bewegungszonen der Punkte P_1,
P$_2$ und P$_3$ bei sprungförmiger Änderung der KEDA
nach einer Rechteckfunktion

11.3 Abschnittweise Berechnung der Bewegungskurve

Geht man vom x, y, z-Koordinatensystem aus, dessen Ursprung
im Kugelmittelpunkt liegt und ortsfest ist und einem
x', y', z'-Koordinatensystem mit dem selben Ursprung, dessen
x'-Koordinate mit dem Winkelgeschwindigkeitsvektor $\vec{\omega}$ zusam-
menfällt, dann beschreiben alle Kugelpunkte Kreise um die
x'-Achse. Um die Lage des Koordinatensystems eindeutig zu
bestimmen, muß die Lage von zwei der drei Einheitsvektoren
$\vec{e}_x$, $\vec{e}_y$, $\vec{e}_z$ des x',y',z'-Koordinatensystems bekannt sein.

Die x'-Achse ist laut obiger Festlegung durch $\vec{\omega}$ gegeben.
Geht man davon aus, daß $\vec{\omega}$ sich nur in der x, z-Ebene

bewegt, dann kann $\vec{e}_y$ so festgelegt werden, daß Betrag und
Richtung konstant bleiben.

$$\vec{e}_x = \{\, \omega_{xo}/\omega \,,\, 0 \,,\, \omega_z/\omega \,\} \quad ; \quad \vec{e}_y = \{\, 0 \,,\, 1 \,,\, 0 \,\}$$

Wegen $\vec{e}_x \times \vec{e}_y = \vec{e}_z$ kann man die Transformationsmatrix T sofort niederschreiben.

$$T = \left\{ \begin{array}{c} \vec{e}_x \\ \vec{e}_y \\ \vec{e}_z \end{array} \right\} = \left\{ \begin{array}{ccc} \omega_{xo}/\omega & 0 & \omega_z/\omega \\ 0 & 1 & 0 \\ -\omega_z/\omega & 0 & \omega_{xo}/\omega \end{array} \right\} \tag{11.15}$$

Damit läßt sich der im x', y', z'-Koordinatensystem kreisförmig bewegte Punkt P ins x, y, z-Koordinatensystem transformieren und umgekehrt. Es gilt

$$\vec{r}' = T \cdot \vec{r} \tag{11.16}$$

$$\vec{r} = T^{-1} \cdot \vec{r}' \tag{11.17}$$

Diese Art der Berechnung der Bewegungskurve hat kürzere
Rechenzeiten als die numerische Integration und führt zu
einem genaueren Ergebnis. Sie bringt jedoch nur dort Vorteile, wo die KEDA nur wenige Positionen in einer Ebene
oder im Raum einnimmt. Eine Anwendung auf die beschriebene
Rechteckschwingung der KEDA wäre deshalb möglich. Im folgenden wird diese Art der Berechnung bei der impulsförmigen
Änderung der KEDA angewandt. Bild 70 zeigt schematisch den
Rechengang.

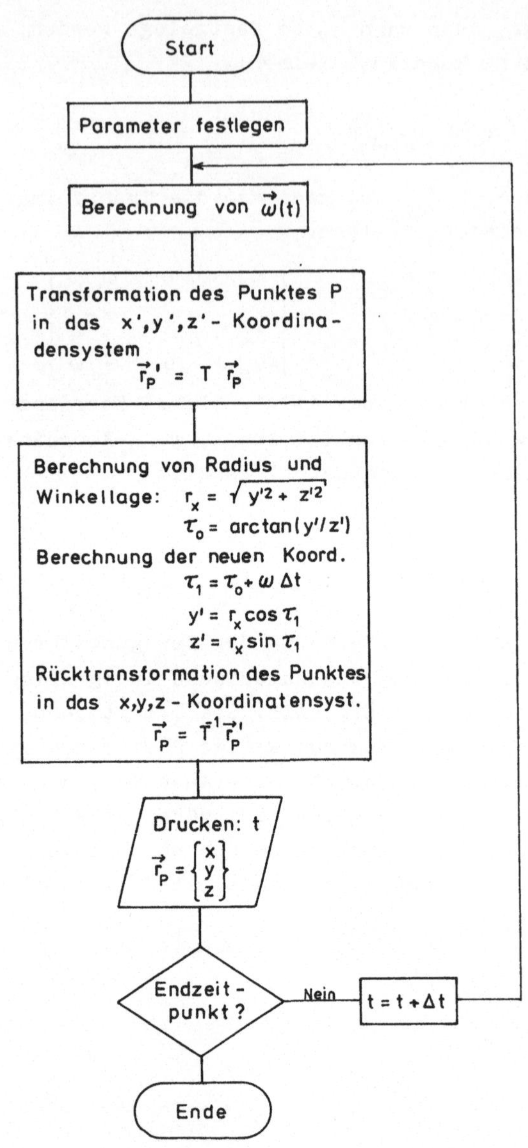

<u>Bild 70:</u> Schematische Darstellung des Rechengangs für die abschnittsweise Berechnung der Bewegungskurven

11.3.1 Impulsförmige Änderung der KEDA

Die Impulsfunktion läßt sich als unendliche Reihe harmonischer Schwingungen aufbauen, doch wird im Hinblick auf die Berechnung mit Hilfe eines Digitalrechners eine dieser Ermittlung angepaßte Funktion verwendet.

$$\omega_Z \;=\; \omega_A \left[\mathrm{Int}(\omega_D t / 2\pi) - \mathrm{Int}(\omega_D(t - T_I)/2\pi) \right] \qquad (11.18)$$

Mit Int (x) = ganzzahliger Wert von x; Dezimalstellen bleiben unberücksichtigt. ω_D bestimmt die Änderungsgeschwindigkeit der Lageänderung der KEDA.

Die KEDA nimmt im Laufe der Zeit zwei Lagen ein mit den Winkelgeschwindigkeitsvektoren:

$$\vec{\omega}_1 \;=\; \begin{Bmatrix} \omega_{xo} \\ 0 \\ 0 \end{Bmatrix} \quad \text{und} \quad \vec{\omega}_2 \;=\; \begin{Bmatrix} \omega_{xo} \\ 0 \\ \omega_A \end{Bmatrix}$$

Die Bewegungskurventeilstücke sind Kreise um die jeweilige Drehachse. Ist die Änderungsfrequenz sehr viel kleiner als die Drehfrequenz, dann wird die Kugel zwischen zwei Impulsen mehrere Umdrehungen um ihre Drehachse vollführen. Maßgebend für die Punktbewegung sind die Koordinaten des Punktes zum Zeitpunkt der Lageänderung der KEDA, unabhängig davon, welchen Winkel der Punkt bis zu diesem Zeitpunkt durchlaufen hat. Bei der Untersuchung der Bewegungskurven kann man sich deshalb auf charakteristische Änderungsfrequenzen beschränken. Für sie gilt:

$$f_0/2 \;\leq\; f_D \;\leq\; f_0$$

Ist die Änderungsfrequenz gleich der Drehfrequenz, dreht sich die Kugel während einer Periode einmal um die KEDA, ist sie doppelt so groß, zweimal um die KEDA. Das heißt: Trotz der festgelegten Beschränkung für f_D ist sichergestellt, daß unter Vernachlässigung der Impulslänge ein Punkt

der Kugeloberfläche während einer Periodendauer jeden Dreh-
winkel mindestens einmal durchläuft und damit, je nach Festlegung von f_D, zum Zeitpunkt der Lageänderung einen durch
f_D bestimmten Winkel zwischen 0° und 360° einnehmen kann.

11.3.2 Impulsförmige Änderung der KEDA mit konstanter Perio-
dendauer

Der Winkelgeschwindigkeitsvektor ist durch die Gleichungen
(11.13) und (11.18) beschrieben. Die Periodendauer der Dreh-
richtungsänderung ist gleich dem Kehrwert der Änderungsfrequenz:

$$T_P \;=\; 2\,\pi/\omega_D \;=\; 1/f_D \tag{11.19}$$

Die Zeit für eine Kugelumdrehung um die x-Achse wird Drehdauer T_K genannt. Sie entspricht dem Kehrwert der Drehfrequenz:

$$T_K \;=\; 2\,\pi/\omega_{xo} \;=\; 1/f_o \tag{11.20}$$

Der Winkelgeschwindigkeitsvektor ist durch die Drehdauer T_K,
die Periodendauer T_P, die Impulsdauer T_I und durch die Amplitude der Winkelgeschwindigkeitsänderung ω_A charakteri-
siert. Die Impulsdauer ist explizit vorzugeben. Dann gilt:

$$\omega_z \;=\; \omega_A \quad \text{für} \quad n\,T_P < t \le n\,T_P + T_I$$
$$\omega_z \;=\; 0 \quad \text{für} \quad T_I + n\,T_P < t \le (n+1)\,T_P$$
$$n = 1,2,3\ldots$$

Die Richtungswinkel der Bewegungskurven für die Punkte P_1,
P_2 und P_3 zeigt Bild 71 für verschiedene Periodendauerver-
hältnisse T_P/T_K.

Ist die Periodendauer gleich der Drehdauer, dann läuft der
Punkt P_1 nahezu über die gesamte Oberfläche der Hohlkugel,
$\Delta\beta \approx 180°$. Die Punkte P_2 und P_3 bewegen sich in einer Kugelzone, die in der Kugelmitte liegt, vgl. Bild 71. Die Bewegungszone von P_2 ist breiter als die von P_3. Dies gilt
analog für die spiegelbildlichen Punkte.

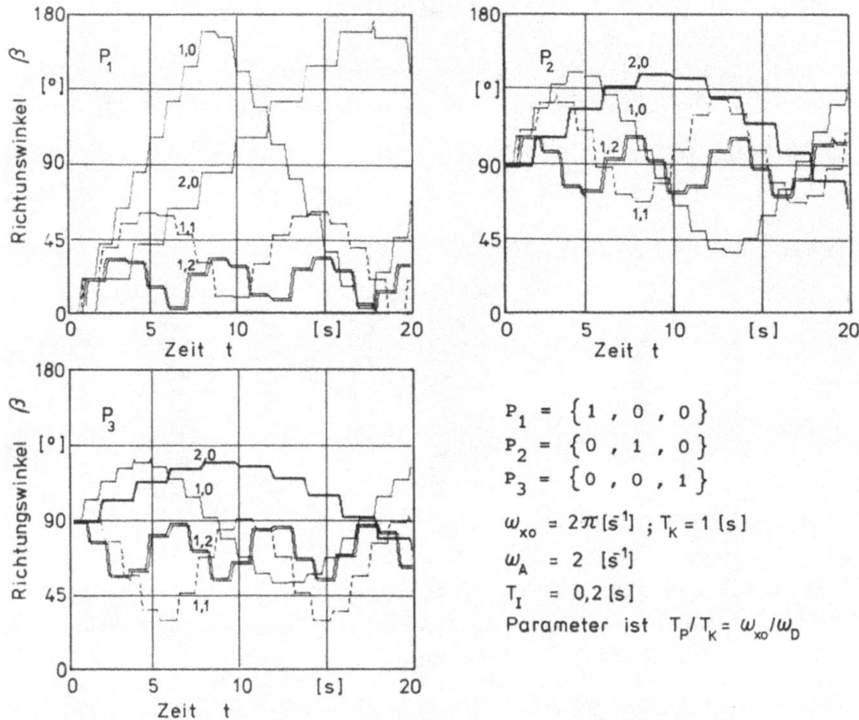

$$P_1 = \{1 , 0 , 0\}$$
$$P_2 = \{0 , 1 , 0\}$$
$$P_3 = \{0 , 0 , 1\}$$

$$\omega_{xo} = 2\pi\,[s^{-1}] \; ; \; T_K = 1\,[s]$$
$$\omega_A = 2\,[s^{-1}]$$
$$T_I = 0,2\,[s]$$

Parameter ist $T_P/T_K = \omega_{xo}/\omega_D$

<u>Bild 71:</u> Richtungswinkel der Punkte P_1, P_2 und P_3 bei impulsförmiger Änderung der KEDA

Reduziert man die Amplitude der Winkelgeschwindigkeitsänderung, so ändern sich dadurch die Bewegungszonen der Punkte P_1, P_2 und P_3 nicht. Mit der Amplitude wächst jedoch die Geschwindigkeit, mit der sie durchlaufen werden.
Eine Änderung der Impulsdauer hat keinen Einfluß auf die Breite der Bewegungszone von P_1 und relativ geringen Einfluß auf die Bewegungszonenbreite von P_2 und P_3. Sie wächst für P_2 und P_3 mit der Implusdauer.
Weicht die Periodendauer von der Drehdauer ab, so reduziert sich die Breite der Bewegungszonen. Sie verschiebt sich für den Punkt P_3 außerdem aus der Kugelmitte. Die schmalsten Bewegungszonen erhält man für $T_P/T_K = (1,2,3 \ldots) +0,5$.
Ihre Breite steigt und fällt mit der relativen Impulsdauer

T_I/T_K und mit der relativen Amplitude der Winkelgeschwindigkeitsänderung ω_A/ω_{xo} .

Bild 71 zeigt die Richtungswinkel der Bewegungskurven in Abhängigkeit von der Zeit. Die Bewegungskurven für T_P/T_K = 1,2 sind in Bild 72 zu sehen.

$$P_1 = \{1 \ , \ 0 \ , \ 0\} \qquad P_2 = \{0 \ , \ 1 \ , \ 0\} \qquad P_3 = \{0 \ , \ 0 \ , \ 1\}$$

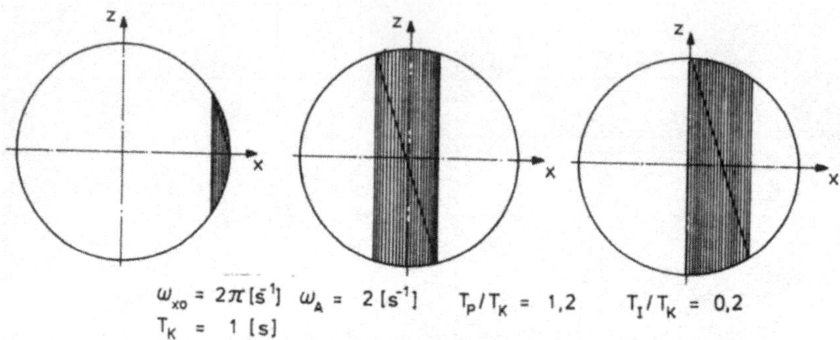

<u>Bild 72:</u> Bewegungskurven und Bewegungszonen der Punkte P_1, P_2 und P_3 bei impulsförmiger Änderung der KEDA mit konstanter Periodendauer

Im Gegensatz zu den im Kapitel 11.2 besprochenen Formen der KEDA-Bewegung gibt es bei der impulsförmigen Änderung mehrere Periodendauern, für die die Bewegungszonen der Punkte gleich sind. Dies ist dann gegeben, wenn das Periodendauerverhältnis T_P/T_K ganzzahlig ist.

<u>10.3.3 Zufallsbedingte Änderung der KEDA</u>

Bei den vorangegangenen Berechnungen wurde die KEDA nach einer mathematisch beschreibbaren Gesetzmäßigkeit geändert. Dabei zeigt sich, daß verschiedene Punkte der bewegten Kugel für verschiedene Bewegungsmuster die gesamte Oberfläche der ortsfesten Kugel durchlaufen. Daneben gibt es welche, die eine mehr oder weniger breite Bewegungszone besitzen und sich im Extremfall auf einem Kreis um die x-Achse bewegen.

Periodendauer und Amplitude der Winkelgeschwindigkeitsänderung können die Breite der Bewegungszone zwar beeinflussen, aber nur in Extremfällen über die gesamte Kugeloberfläche ausdehnen.

Diese Erkenntnisse legen den Schluß nahe, daß es keine periodische KEDA-Bewegung gibt, bei der alle Punkte der Kugeloberfläche mit gleicher Häufigkeit alle Kugelzonen durchlaufen. Dies kann nur dann der Fall sein, wenn es während der Bearbeitung gelingt, alle Punkte nacheinander auf die entsprechenden Bahnen zu bringen. Dies kann durch eine Zufallsfunktion erreicht werden, die einen Prozeßparameter zufällig ändert. Dies kann z.B. die Amplitude der Winkelgeschwindigkeitsänderung, die Impulsdauer und/oder die Periodendauer T_P sein. Für die nachfolgenden Berechnungen wird die Periodendauer gewählt. Alle übrigen Parameter bleiben konstant.

Es genügt den Variationsbereich von T_P auf die Zeitspanne T_K zu begrenzen, da innerhalb dieser Zeit jeder Punkt alle Winkel von 0 bis 360° durchläuft. Es gelten analog die in Kap. 11.3.1 gemachten Ausführungen.

Für die Berechnung wurde T_P auf:

$$T_K/2 \leq T_P \leq 1{,}5\, T_K$$

begrenzt. Die Bilder 73 und 74 zeigen beispielhaft den Einfluß der Winkelgeschwindigkeitsamplitude auf die Bewegungskurven der Punkte P_1, P_2 und P_3. Eine zusätzliche Änderung der Impulsdauer würde das qualitative Ergebnis nicht beeinflussen.

Die Untersuchungen zeigen, daß bei einer nicht determinierten Änderung der Lage der KEDA, unabhängig von der Amplitude der Winkelgeschwindigkeitsänderung jeder Punkt der Kugeloberfläche die gesamte Oberfläche der Hohlkugel durchläuft. Es kann davon ausgegangen werden, daß das gleiche Ergebnis

$$P_1 = \{1, 0, 0\} \qquad P_2 = \{0, 1, 0\} \qquad P_3 = \{0, 0, 1\}$$

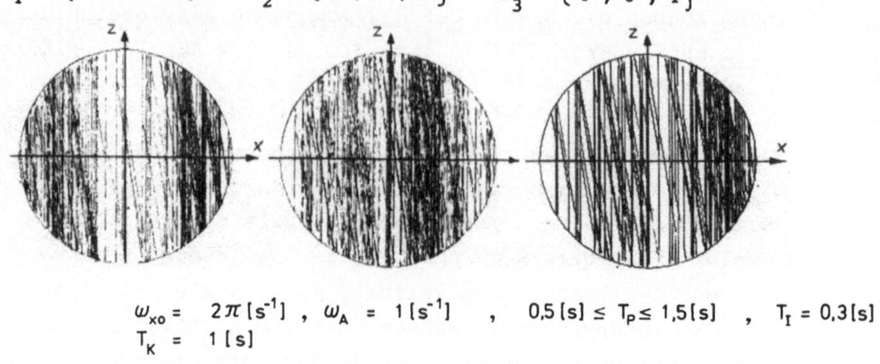

$$\omega_{xo} = 2\pi\,[\mathrm{s^{-1}}] \ , \ \omega_A = 1\,[\mathrm{s^{-1}}] \ , \ 0{,}5\,[\mathrm{s}] \leq T_P \leq 1{,}5\,[\mathrm{s}] \ , \ T_I = 0{,}3\,[\mathrm{s}]$$
$$T_K = 1\,[\mathrm{s}]$$

Bild 73: Bewegungskurven der Punkte P_1, P_2 und P_3 für zufällige impulsförmige Änderungen der KEDA

$$P_1 = \{1, 0, 0\} \qquad P_2 = \{0, 1, 0\} \qquad P_3 = \{0, 0, 1\}$$

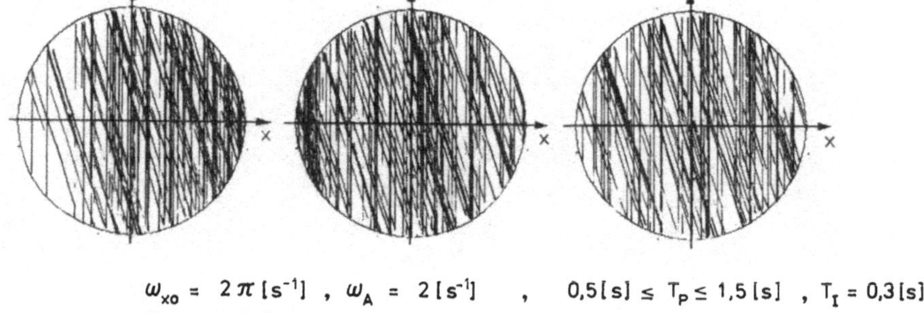

$$\omega_{xo} = 2\pi\,[\mathrm{s^{-1}}] \ , \ \omega_A = 2\,[\mathrm{s^{-1}}] \ , \ 0{,}5\,[\mathrm{s}] \leq T_P \leq 1{,}5\,[\mathrm{s}] \ , \ T_I = 0{,}3\,[\mathrm{s}]$$
$$T_K = 1\,[\mathrm{s}]$$

Bild 74: Bewegungskurven der Punkte P_1, P_2 und P_3 für zufällige impulsförmige Änderungen der KEDA

auch für verschiedene relative Impulsdauern erreicht wird.
Daraus läßt sich folgende Erkenntnis formulieren:

Alle Punkte der bewegten Kugel durchlaufen die gesamte
Oberfläche der ortsfesten Kugel, wenn die Richtung der
Kugeleigendrehachse nach einer Zufallsfunktion geändert
wird. Die Zeit, die benötigt wird, bis ein Punkt der Kugel
die Oberfläche der Hohlkugel durchläuft, ist umso größer,
je kleiner die Amplitude der Winkelgeschwindigkeitsänderung
ist.

11.4 Diskussion der Ergebnisse

Rollt eine Kugel zwischen den konzentrischen Rillen der
Führungs- und Arbeitsscheibe, stellt sich, bezogen auf ein
mit der Kugel bewegtes Koordinatensystem, eine Drehachse
ein, die in Betrag und Richtung konstant ist. Die Drehpole
der Kugel bleiben deshalb während eines Durchlaufs unbearbeitet.
Ziel der Untersuchungen in den Kap. 11.1 bis 11.3 war es
zu ermitteln, ob dieser Umstand durch bestimmte Bewegungsmuster der KEDA vermieden werden kann.

Es wurden verschiedene periodisch veränderliche Bewegungsmuster der KEDA untersucht. Dabei zeigte sich, daß in allen
Fällen die Bewegungszonen der Punkte der Kugeloberfläche
nur in Ausnahmefällen die gesamte Oberfläche der Hohlkugel
einnehmen. Im allgemeinen ist jedem Punkt der Kugeloberfläche eine mehr oder weniger breite Bewegungszone zugeordnet.
Lage und Größe dieser Zone sind durch die Koordinaten des
Punktes, durch die Periodendauer und durch die Form und
Amplitude der Winkelgeschwindigkeitsänderung determiniert.

Der Punkt P_1 durchläuft die gesamte Hohlkugeloberfläche,
wenn die Änderungsfrequenz der KEDA gleich der Drehfrequenz
der Kugeldrehung ist. Die Amplitude der Winkelgeschwindigkeitsänderung bestimmt die Geschwindigkeit, mit der sie
durchlaufen wird. Abweichungen der Änderungsfrequenz von
der Drehfrequenz reduzieren die Breite der Bewegungszone.
Die Punkte P_2 und P_3 tauschen für die untersuchten Bewegungsmuster der KEDA ihre Charakteristik. Für einen der
beiden Punkte, Punkt A, gilt näherungsweise das gleiche wie
für Punkt 1. Der andere, Punkt B, bewegt sich in einer mehr
oder weniger schmalen Kugelzone, die im allgemeinen in der
Kugelmitte liegt. Die Breite der Bewegungszone der anderen
Punkte der Kugeloberfläche liegt im allgemeinen zwischen der
der Punkte 1 und B.
Weicht die Änderungsfrequenz von der Drehfrequenz ab, so reduziert sich die Bewegungszonenbreite. Für B und die Punkte

in der Nähe von B wächst sie bis zu einer Abweichung von ca.
20 % von der Drehfrequenz und fällt danach ab.

Die Bewegungszonen aller Kugelpunkte erstrecken sich über
die gesamte Kugeloberfläche, wenn die KEDA nach einer Zufallsfunktion geändert wird.

Dieser Idealfall wird durch eine impulsförmige Änderung
der Bohrbewegung näherungsweise erreicht, wenn die Drehfrequenz der Kugel ein ganzzahliges Vielfaches der Änderungsfrequenz der KEDA beträgt. Da in diesem Fall die Drehpole
der bewegten Kugel in regelmäßigen Abständen zwischen die
Bearbeitungsscheiben gelangen, kann eine weitgehend gleichmäßige Bearbeitung der Kugeloberfläche angenommen werden.

12. ZUSAMMENFASSUNG UND AUSBLICK

Die Kugel ist ein milliardenfach im Einsatz befindliches
Bauteil in einer Vielzahl technischer Produkte.

Über die Kugelherstellverfahren ist wenig bekannt. In der
vorliegenden Arbeit wurden die wichtigsten Verfahren der
Kugelherstellung erläutert. Maschinen, die nach dem SKR-
Prinzip arbeiten, wurden nach konstruktiven Gesichtspunkten klassifiziert.

Die wichtigsten Kugelbearbeitungsverfahren sind das Kugelrollieren (Flashen), Schleifen und Läppen nach dem SKR-
Prinzip. Der Arbeitsablauf, die Kugel- und Werkzeugkinematik und die Bearbeitsmaschine sind bei allen drei Verfahren
gleich oder zumindest ähnlich. Sie unterscheiden sich durch
die Werkzeugwerkstoffe und durch den elementaren Spanbil-
dungsprozeß. Flashen, Schleifen und Läppen fallen in die
Kategorie der Fertigungsverfahren: Spanen mit geometrisch
unbestimmter Schneidenform. Die Relativbewegung zwischen

Kugel und Werkzeug kommt beim Abrollen der Kugel in der
konzentrischen Rille des Werkzeugs zustande. Beim Flashen
entsteht durch Werkstoffermüdung eine makroskopische Rauh-
heit in der Rillenoberfläche. Die Rauhigkeitsspitzen bewirken den Materialabtrag an der weicheren Kugel. Der Abtrags-
mechanismus beim Schleifen und Läppen entspricht dem konventioneller Verfahren.

Während der Bearbeitung der Kugel verschleißen die Werkzeuge. Der Verschleißquotient gibt das Verhältnis zwischen
Werkzeugverschleißvolumen und Spanleistung an.

Die Rillenquerform beeinflußt die Spanleistung und die
Formgenauigkeit der Kugel. Die analytischen Untersuchungen
ergaben, daß die Länge der Kontaktlinie zwischen Kugel und
Werkzeugrille, ausgedrückt durch den Schmiegungswinkel,
direkt vom Verschleißquotienten abhängt. Auch die Größe
der Kugelcharge, der Kugelradius und die Maschinengröße
beeinflussen den Schmiegungswinkel.

Die angestellten Überlegungen ergaben, daß die genannten
Einflußgrößen zu einem Prozeßkennwert zusammengefaßt werden können. Gleiche Schmiegungswinkel bzw. Prozeßkennwerte
liegen dann vor, wenn das Produkt aus Verschleißquotient,
Kugelanzahl, Kugelradius und dem Kehrwert der Maschinengröße konstant ist. Diese Zusammenhänge sind für die Ma-
schinenauswahl, die Werkzeugauslegung, die Schleifscheiben-
wahl und die Auslegung von Speichersystemen von grundlegen-
der Bedeutung. Experimentelle Untersuchungen bestätigten
die abgeleitete Beziehung.

Dem Abrollen der Kugel in der Werkzeugrille wirken Rei-
bungskräfte entgegen. Die Summe aller Kräfte bestimmt die
Kugelbewegung. Um die Kräfte ermitteln zu können, müssen die
Kontaktflächengeometrie und die Reibbeiwerte bekannt sein.

Die Hertz'schen Gleichungen können für den vorliegenden
Fall nicht angewandt werden, da der Rillenradius exakt dem
Kugelradius entspricht. Es mußte also eine experimentelle
Methode zur Ermittlung der Druckflächenform gefunden wer-
den.

Um die Schmiegung zwischen Kugel und Rille durch Zwischen-
lagen nicht zu verfälschen, wurden Abgüsse der Kontaktzone
hergestellt. Die an einer Schleifscheibe durchgeführten
Versuche ergaben, daß innerhalb der Kontaktlinie näherungsweise konstante Druckflächenbreite vorliegt. Analogie-
überlegungen führten zu dem Schluß, daß die Streckenlast
dem Quadrat der Druckflächenbreite proportional ist, d.h.
innerhalb der Kontaktlinie liegt eine näherungsweise konstante Streckenlast vor.

Die Reibbeiwerte wurden mit Hilfe einer Versuchseinrichtung auf einer Kugelbearbeitungsmaschine KSH 720 ermittelt.
Die Versuche ergaben, daß der Rollreibbeiwert proportional
dem Quadrat des Schmiegungswinkels wächst.

Die Versuchseinrichtung war so ausgelegt, daß die Kugeldrehachse um den Kugelmittelpunkt geschwenkt werden konnte. Die Messungen zeigten, daß das Minimum des Rollreibbei-
wertes bei etwa 3° Schwenkwinkel der Drehachse erreicht
wurde. Dies entspricht etwa der Achslage, die eine unge-
führte Kugel einnehmen würde.

Mit dem Ansatz: Summe aller Kräfte an der Kugel gleich
Null, wurde mit Hilfe der numerischen Integration die Kugelkinematik ermittelt. Aufgrund der Vielzahl der Parameter,
die in die Rechnung eingehen, und der Vielzahl der Kombina-
tionsmöglichkeiten konnte die Simulation der Kugelbewegung
nur für eine beschränkte Anzahl von Parameterkombinationen
durchgeführt werden. Die Ergebnisse zeigten, daß eine Kugel
mit 50 mm Durchmesser bereits weniger als 1 ms nach dem An-
fahren eine nach Betrag und Richtung stabile Drehachse besitzt. Parameteränderungen können Betrag und Richtung der
Drehachse beeinflussen.

Besonders großen Einfluß auf die Reibleistung und die Drehachsenlage besitzen zusätzlich bewegte Werkzeugteile,
schräge Normalkrafteinleitung und der Teilkreisradius der
Rille. Sind die Prozeßparameter zeitlich unveränderlich, so
ist die Drehachsenlage stabil. Dies bedeutet, daß die Drehpole unbearbeitet bleiben, wenn nicht gezielt eine Änderung
der Drehachse herbeigeführt wird. Dies gelingt zum Beispiel
dadurch, daß die Kugel der Rille entnommen und mit veränder-
ter Lage wieder zugeführt wird.

Die Rechnung zeigt, daß die Reibleistung proportional dem
Quadrat des Schmiegungswinkels wächst. Die rechnerisch ermittelte Reibleistung stimmt mit den gemessenen Werten
überein, wenn als Gleitreibbeiwert 0,2 gewählt wird. Auf
der Basis der Eldredge-Gleichung wurde eine Näherungsgleichung für die Antriebsleistung von Kugelbearbeitungsmaschinen entwickelt.

Im Rahmen der Ermittlung der Bewegungszonen für die Punkte
der Kugeloberfläche zeigte sich, daß eine periodische Änderung der Drehachsenlage nicht sicherstellt, daß die gesamte
Kugeloberfläche gleichmäßig bearbeitet wird. Vielmehr legen
die ermittelten Ergebnisse den Schluß nahe, daß es keine
periodische Änderung der Drehachse gibt, für die das ange-
strebte Ziel erreicht wird.

Die Untersuchungen im Rahmen der vorliegenden Arbeit zeigen:
Ein gleichmäßiges Überschleifen der Kugel während eines Bearbeitungszyklus findet statt, wenn die Drehachse nach einer
Zufallsfunktion geschwenkt wird. Diese wichtige Erkenntnis
zeigt dem Konstrukteur einen Weg bei der Entwicklung ver-
besserter Kugelbearbeitungsmaschinen. Eine zufallsbedingte
Schwenkung der Drehachse ist in der Praxis bei den bekannten
SKR-Kugelbearbeitungsmaschinen dadurch gegeben, daß die Kugel nach einem Durchlauf den Werkzeugen entnommen wird. Bei
wiederholter Zuführung besitzt die Kugel zufallsbedingt eine
andere Drehachse. Diese Überlegungen gelten für die ideal
runde Kugel in einer idealen Rille. Dieser Zustand wird in

der Endbearbeitung näherungsweise erreicht. Unrunde Kugeln
und ungleichmäßige Rillen bewirken zufallsbedingte Änderungen der Drehachse.

Die experimentelle Absicherung der rechnerisch ermittelten
Ergebnisse konnte im Rahmen dieser Arbeit nur teilweise
durchgeführt werden. Hier ist ein Ansatzpunkt für weitere
Forschungen.

Eine weitere Aufgabe von Forschung und Entwicklung ist
darin zu sehen, den Kugelbearbeitungsprozeß so zu verbessern, daß die von anderen Schleifverfahren bekannten Zeitspanvolumina erreicht werden. Dies gelingt nur, wenn es
möglich ist, die Kugeldrehachse während der Bearbeitung
zwischen den Rillen schwenken.

Die Einflüsse verschiedener Parameter auf Spanleistung und
erzielbare Genauigkeit sind bis heute nicht wissenschaft-
lich untersucht. Es wäre zu wünschen, daß die vorliegende
Arbeit, die nur grundsätzliche Aspekte der Kugelbearbeitung
behandeln konnte, den Anstoß für weitere wissenschaftliche
Untersuchungen des Kugelbearbeitungsprozesses gibt.

13. LITERATURVERZEICHNIS

/A1/ Astrop, Arthur   All-Round success at machining
                            spheres
                            Machinery and production enginee-
                            ring
                            6. May 1981

/A2/ Autorenteam   Großes Handbuch der Mathematik
                            Buch und Zeit Verlagsgesellschaft
                            m.b.H., Köln, 1969

/B1/ Bajkov, S.P.   Vervollkommenung der Technologie
                            in der Kugelfabrikation
                            Allunions-Wissenschaftl. For-
                            schungsinstitut für die Lager-
                            industrie, 2. Ausgabe,
                            Moskau 1967

/B2/ Bajkov, S.P.   Untersuchung der Läpptechnologie
                            von Gerätekugeln
                            Allunions-Wissenschaftl. For-
                            schungsinstitut für die Lager-
                            industrie, 2. Ausgabe,
                            Moskau 1967

/B3/ Blum, G.   Heutiger Stand der Läpptechnik
                            in der industriellen Fertigung
                            Jahrbuch Schleifen, Honen, Läppen
                            50. Ausgabe, Vulkan Verlag Essen,
                            1981, S. 405-409

/B4/ Brändlein, Joh.   Plastische Verformung in hochbe-
      Zwirlein, O.   anspruchten Kontaktstellen von
                            Wälzlagern
                            Wälzlagertechnik 1982, Nr. 1

/B5/ Broszeit, E.   Modellverschleißuntersuchungen
                              über den Einfluß eines Zwischen-
                              mediums auf das Gleitverhalten
                              unterschiedlicher Werkstoffpaa-
                              rungen
                              Diss. TH Darmstadt 1972

/B6/ Brückner, K.   Der Schleifvorgang und seine Be-
                              wertung durch die auftretenden
                              Schnittkräfte
                              Diss. TH Aachen 1962

/B7/ Bucharkin, L.N.   Feinstbearbeitung großer Kugeln
      Inogamov, T.I.   für Präzisionslager
      Dal'skij A.M.   Izvetija vusov. Masinostronenije,
                              1972, Nr. 1, S. 172-177

/B8/ Bucharkin, L.N.   Läppmaschinen für große Kugeln
                              von Präzisionslagern und die Ku-
                              gelkinematik beim Läppen
                              Izvestija vusov. Masinostroenije,
                              1971, Nr. 10

/D1/ Dingler   Dinglers Polytechnisches Journal,
                              Berlin 1893, Nr. 308

/D2/ Dingler   Dinglers Polytechnisches Journal,
                              Berlin 1854, Nr. 134, S. 253-255

/D3/ Diergarten, H.   Stahlkugeln und Stahlrollen
      Hackewitz, A. von   Heráusgegeben von SKF Kugelfabri-
                              ken GmbH, Schweinfurt

/D4/ Dümpert, R.   Untersuchung der Reibungskoeffi-
                              zienten zwischen Werkzeug und
                              Werkstück bei der Kugelbearbei-
                              tung
                              Dipl. Arbeit FHS Schweinfurt 1983

DIN/ISO   DIN 5401, ISO 3290, DIN 8580,
                            DIN 8582, DIN 8583, DIN 8589

/E1/ Eldredge, K.R.   Rolling Friction of Spheres on
                            Surfaces
                            Ph. D. Dissertation, Cambridge
                            1952

/E2/ Enger, U.   Feinbearbeitung durch Läppen –
      Oertel, B.   betrachtet unter dem Aspekt der
      Vogel, H.   Tribotechnik
                            Schmierungstechnik, Berlin 14
                            (1983) 6

/E3/ Eschmann, P.   Die Wälzlagerpraxis
      Hasbargen, L.   R. Oldenbourg Verlag, München,
      Weigand, K.   1978

/F1/ FAG Autorenteam   Wälzlager auf den Weg des tech-
                            nischen Fortschritts
                            R. Oldenburg Verlag, München,
                            1984

/F2/ Fischer, H.   Neuerungen auf dem Gebiet der
                            Werkzeugmaschinen – Anfertigen
                            genau kugelförmiger Gestalten
                            VDI Zeitschrift, Jahrgang 1893,
                            S. 562-565

/F3/ Fischer, H.   Titel unbekannt
                            VDI Zeitschrift 1892, S. 1461
/F4/ Fischer, F.   Deutsches Reichspatent Nr. 55783,
                            1890

/F5/ Fischer, F.   Fräs- und Schleifmaschine für
                            Kugeln
                            Deutsches Reichspatent Nr. 81491,
                            1894

/F6/ Finzi, M.   Der Achswechsel während der Ku-
                          geleigendrehung als Vorschubbe-
                          wegung beim Kugelschliff in Ku-
                          gelschleifmaschinen
                          Diss. Königl. TH zu Breslau 1916

/F7/ Föppl,L.   Der Spannungszustand und die An-
                          strengung des Werkstoffes bei der
                          Berührung zweier Körper
                          Forsch. auf dem Gebiet d. Ing.-
                          Wesens, Bd. 7 Berlin, Sept./Okt.
                          1936

/G1/ Geis, Joh.   Herstellung von Stahlkugeln
                          Maschinenmarkt Würzburg, Jg. 73
                          (1967), Nr. 81 - AT 176

/G2/ Georgi, T.   Experimentelle Ermittlung der
                          Reibverluste an Kugel-Rille-Paa-
                          rungen zur Klärung des Reibver-
                          haltens von Kugel-Gewindespindeln
                          Diss. Berlin 1979

/G3/ Göbel, E.F.   Über Kugeln und Nadeln und die
                          Technik ihrer Herstellung
                          Nr. 4, technica 1971

/G4/ Goodrige, E.H.   Millions of balls - Millionth
                          Tolerances
                          Machinery, Band 62, Dez. 1955,
                          Nr. 4

/G5/ Grekoussis, R.   Stellung der Hertz'schen Druck-
      Michailidis, Th.   ellipse auf der Oberfläche zweier
                          einander in einem Punkt berühren-
                          der Körper
                          Konstruktion 32 (1980) H 8,
                          S. 303-306

/G6/ Gröbner, H.   Wirtschaftliche Fertigung von
                             Kugeln sehr hoher Genauigkeit
                             Werkstatttechnik, 49. Jahrg.
                             1959, Heft 9

/H1/ Hauer, R.   Einfluß nachträglicher Kaltverfor-
                             mung auf die Güte von Stahlkugeln
                             Diplomarbeit FHS Nürnberg 1982

/H2/ Henning, E.   Untersuchungen zum Rollwiderstand
                             gehärteter Stahl-Stahl-Paarungen
                             Diss. TH Braunschweig 1967

/H3/ Hertz, H.   Über die Berührung fester ela-
                             stischer Körper
                             Gesammelte Werke Bd. I, Leipzig
                             1881, S. 155-173

/I1/ Iwanejko, L.   Feinbearbeitung von Wälzlager-
                             kugeln
                             Werkstatt und Betrieb 109 (1976) 1,
                             S. 25-27

/I2/ Iwanejko, L.   Die Schlußbearbeitung von Lager-
                             kugeln
                             CBKLT - Warschau; Erscheinungs-
                             daten und Ort unbekannt

/J1/ Jascericyn, P.I.   Das Läppen von Kugeln
                             Minsk, Inst. f. wissenschaftl.-
                             techn. Information und Propa-
                             ganda beim Gostplan der BSSR,
                             1968, S. 102

/K1/ Klebanov, M.K.   Neue Methoden des Läppens hoch-
      Malachov, A.F.   genauer Lagerkugeln
      Sabanov, L.A.   Stanki in instrument 46 (1975) 10,
                             S. 28-29

/K2/ Kleinlein, E.   Einfluß von Schmierung und Kon-
                        taktflächengeometrie auf das Rei-
                        bungsverhalten von Axial-Rillen-
                        kugellagern und Radial Zylinder-
                        rollenlagern
                        Konstruktion (1970) 2, S. 41-47

/K3/ König, W.   Systematische Analyse der Zusam-
     Salje, E.   menhänge zwischen Schleifscheibe,
     Messer, J.   Maschineneinstellgrößen und Ar-
     Rohde, G.   beitsergebnis am Beispiel des
                        Außenrundschleifens bei ausge-
                        suchten Werkstoffen
                        VDW-Bericht A 3902, 7/79

/K4/ Konvalov, E.G.   Feinbearbeiten und Verfestigen
                        kugeliger Oberflächen
                        machine & Tool 41 (1970) Nr. 81
                        nach Stank i instrument 8/1970;
                        wt-Z.ind.Fertig.61 (1971) Nr. 11

/K5/ Kühn, K.D.   Fertigungsmöglichkeiten durch
                        Schleifverfahren und Hinweise zur
                        schleifgerechten Werkstückgestal-
                        tung
                        Jahrbuch Schleifen, Honen, Läppen
                        50. Ausgabe, Vulkan-Verlag, Essen,
                        1981, S. 100-109

/L1/ Lansing, K.H.   Herstellung und Prüfung von Ku-
                        gellagerstahlkugeln
                        Iron Trade Rev 73 (1923)
                        S. 1549/52

/L2/   Lesin, A.D.   Neue patentierte Methode zur in-
       Loksina, R.V.   tensiveren Vibrationsbearbeitung
       Cernjak, N.G.   von Lagerkugeln in einem abrasi-
                            vem Medium mit Hilfe von Wechsel-
                            strom
                            Stanki i instrument 55 (1975) 10,
                            S. 35-36

/L3/   Liekmeier, F.   Die Kaltfertigung von Wälzlager-
                            kugeln aus Draht
                            Draht 5 (1895) Nr. 5, S. 177-183

/L4/   Lorösch, Vay   Ermüdungsfestigkeit von Kugeln
       Gugel, Kessel   aus heißgepreßtem Siliziumnitrid
       Weigand   für extrem schnellaufende Wälz-
                            lager
                            Antriebstechnik 19 (1980) Nr. 9

/L5/   Lurje, G.B.   Technologie der Wälzlagerherstel-
                            lung
                            VEB Verlag Technik Berlin 1953

/M1/   Malachov, A.G.   Untersuchung der Starrheit von
       Klebanov, M.K.   Läppmaschinen
                            Stanki i instrument 37 (1966) 12,
                            S. 11-12

/M2/   Matsunaga, M.   Fundamental Studies of Lapping
                            Report of the Institute of In-
                            dustrial Science - Univiersity of
                            Tokio 1968

/M3/   Martin, K.   Neue Erkenntnisse über den Werk-
                            stoffabtrag beim Läppen
                            Fachgebiete Oberflächentechnik
                            Bd. 10 (1972) Nr. 6, S. 197/202

/M4/ Martin, K.   Fachgebiete in Jahresübersichten:
                                 Läppen
                                 VDI-Z 117 (1975) Nr. 17 - Sept.

/M5/ Moreau, J.   Fabrication a'froid de billes pour
                                 roulements en partant de fils
                                 La Pratique Des Industries Mecha-
                                 niques, Mai 1957, S. 116-118

/N1/ Narula, R.C.   A simple technique for grinding
      Thyagarajan, R.   garnet spheres
                                 Aparatur and techniques 16.04.74
                                 and Journal of Physics E.
                                 Scientific Instrumentes 1974
                                 Volume 7, Printed in Great
                                 Britain 1974

/N2/ N.N.   Grinding a ball round
                                 Tooling & Production, March 1964,
                                 S. 76, 77

/N3/ N.N.   Experimentalversuche über die Wir-
                                 kung von Schmier-Kühlflüssigkei-
                                 ten beim Befeilen von Kugeln
                                 Bericht des technologischen La-
                                 boratoriums (Ursprung nicht fest-
                                 stellbar)
                                 Staatliches Kugellagerwerk 1940

/N4/ N.N.   Massenfertigung von Wälzlager-
                                 kugeln aus Draht mittels Kalt-
                                 pressen
                                 Technik und Forschung Nr. 89
                                 (22) 1965

/N5/ N.N.   Precision Buffing of Spheres un-
                           der Pneumatic Control
                           Compressed Air and Hydraulics
                           Okt. 1962, S. 397, 398

/O1/ Orlow, P.   Einfluß der Werkzeugkonstruktion
      Inogamow, T.   auf die Qualität der Kugelläppung
      Naumow, W.   Sowjetische Fachzeitschrift:
                           Maschinen und Werkzeug, Heft
                           Nr. 3, 1972

/O2/ Ort, F.   Neuzeitliche Fertigung von Wälz-
                           lagerkugeln höchster Präzision
                           Der Maschinenmarkt (13 a) Wü -
                           Nr. 69, 28. August 1959

/P1/ Pahlitzsch, G.   Untersuchungen über das Ver-
      Ernst, O.   schleißverhalten von Schleif-
                           scheiben
                           Industrie-Anzeiger Nr. 80 vom
                           4.10.57, S. 1193-1199

/P2/ Palmgren, A.   Die gleitende Reibung im Kugel-
                           lager.
                           Die Kugellagerzeitschrift Heft 1,
                           1929.

/P3/ Palmgren, A.   Neue Untersuchungen über Energie-
                           verluste in Wälzlagern.
                           VDI Berichte Bd. 20 (1957)

/P4/ Peklenik, J.   Untersuchungen über das Ver-
                           schleißkriterium beim Schleifen.
                           Industrie-Anzeiger Nr. 27 vom
                           4.4.1958, S. 397-402

/P5/ Petkova, D.D.

Mechanik und physikalische Vorgänge der schmierenden und disper-
gierenden Wirkung oberflächen-
aktiver und chemisch aktiver
Stoffe bei Reibung
Schmierungstechnik 11 (1980) 8

/P6/ Pikus
Kiselew
Lugowoj

Der Einfluß von Ultraschallschwin-
gungen auf die Mikrohärte der
Oberfläche von Kugeln während
des Läppvorganges
Masinostroenie 1980, M 5,
S. 98-101

/P7/ v. Poppe,
Joh.-Heinr.-Moritz

Technologisches Universalhand-
buch, 1837, Bd. II, S. 259

/P8/ Porterfield, J.

Herstellung von Kügelchen für
Füllhalterfedern und Lager
Mater. & Meth. 25 (1947) Nr. 6,
S. 97-100

/R1/ Reichenbach, G.S.

The Importance of Spinning
Friction in Thrust-Carring Ball
Bearings
Journal of Basic Engineering,
Trans ASME (1960), S. 295-301

/R2/ Reynolds, O.

On rolling frictions
Philos. Trans. Royal Soc.Vol. 166
part 1 - Engineer v. 27.11.1874

/S1/ Salje, E.
Damlos, H.
Mushardt, H.

Verschleißkenngrößen und ihre Bedeutung zur Beschreibung und Bewertung von Schleifprozessen
Jahrbuch Schleifen, Honen, Läppen
50. Ausgabe, Vulkan Verlag, Essen,
1981, S. 110-117

/S2/   Salje   Ernenntnisstand und Entwicklungs-
tendenzen beim Schleifen und Ho-
nen
Jahrbuch Schleifen, Honen, Läppen
51. Ausgabe, Vulkan Verlag, Essen,
1981, S. 1-43

/S3/   Seifert, I.   Theoretische Betrachtung über den
Einfluß der Schmiegung auf die
Reibung beim freien Rollen einer
Kugel in einer geraden Rille
Mitteilungen aus dem ZIL, Leipzig

/S4/   Schienle, H.   Das Läppen als eines der ältesten
Bearbeitungsverfahren hat gute Zu-
kunftsaussichten
Industrie Anzeiger Nr.9 v. 2.2.83
105 Jahrgang, S. 16-18

/S5/   Schlicht, H.   Der Überrollvorgang in Wälzele-
menten
HTM 25 (1970) 1, S. 47 - 54 und
Wälzlagertechnik 25 (1970) 1,
S. 2-14

/S6/   Siebel, E.   Über die praktische Bewährung der
mit Verschleißversuchen gewonnen-
en Ergebnisse - Reibung und Verschleiß - VDI-Verschleißtagung
28. und 29.10.1938

/S7/   Smits, C.A.   Einfluß der Kühlschmierstoffe
auf die Schleifleistung
mav 2, 1983, S. 32-36

/S8/   Spur, G.   Handbuch der Fertigungstechnik,
       Stöferle, Th.   Band 3, Spanen, Carl Hanser Verlag
1979

/S9/ Stecher, J.   Moderne Messung von Flächenpres-
      Karg, E.   sung zur Konstruktionsoptimierung
      Schöft, H.J.   VDI-Bericht Nr. 366, 1980

/S10/ Stribeck, R.   Kugellager für beliebige Bela-
                           stungen
                           Mitteilungen über Forschungsar-
                           beiten auf dem Gebiete des Ing.-
                           Wesens H2, Berlin 1901

/S11/ Strobel, M.   Konstruktion einer Versuchsein-
                           richtung zum Kugelschleifen
                           Dipl. Arbeit TU München 1984

/T1/ Tabor, A.   The mechanismen of rolling fric-
                           tion (part II)
                           Proc. Roy. Soc. A, volume 229
                           plates 4, 5, 6, 7 (1954)
                           Communicated by F.P. Bowden, F.R.S.

/W1/ Watts, C.   Frühere Herstellungsverfahren für
                           Kugeln aus Stahl
                           Engineer, London, 158 (1934)
                           S. 634/36

/W2/ Weber, C.   Beitrag zur Berührung gewölbter
                           Oberflächen beim ebenen Formän-
                           derungszustand
                           Zeitschrift für angew. Math. und
                           Mech. 1 (1933) S. 11-16

/W3/ Weber, C.   Die Hertz'sche Gleichung für
                           elliptische Druckflächen
                           Zeitschrift für angew. Math. und
                           Mech. (1948) 28, S. 84

/W4/ Weinert, K.   Die zeitliche Änderung des Schleif-
                          scheibenzustandes beim Außenrund-
                          Einstechschleifen
                          Diss. 1976 TU Braunschweig

/W5/ Wernitz, W.   Wälz-Bohrreibung, Bestimmung der
                          Bohrmomente und Umfangskräfte bei
                          Hertz'scher Pressung mit Punktbe-
                          rührung
                          Vieweg-Braunschweig (1958)
                          Schriftenreihe Antriebstechnik,
                          Bd. 19

/W6/ Werner, G.   Auslegeschrift 2257 952 vom
                          11.5.1978
                          Deutsches Patentamt DE 2257952 B 2

/W7/ Werner, G.   Die Bedeutung der extremen Schnitt-
                          bedingungen für den Spanbildungs-
                          vorgang und die Schnittkraft beim
                          Schleifen
                          Industrie-Anzeiger 92 (1970) Nr. 6
                          S. 99/102

/Z1/ Zentgraf, A.   Experimentelle Ermittlung der
                          Werkzeugverschleißgeschwindigkeit
                          und der Rillenquerform beim Kugel-
                          schleifen
                          Dipl.-Arbeit FH Schweinfurt 1984

/Z2/ Zwirlein, O.   Einfluß von Reibung und Eigen-
     Schlicht, H.   spannungen auf die Werkstoffan-
                          strengung bei Wälzbeanspruchung.
                          Zeitschrift für Werkstofftech-
                          nik 11 (1980) S. 1-14

<u>L E B E N S L A U F</u>

Hubert   B ü c h s
geboren am 5. Oktober 1949 in Leutershausen, Rhön-Grabfeld-
Kreis

Ausbildung:	Volksschule, Leutershausen	1955-1963
	Landwirtschaftliche Lehre	1963-1965
	Lehre als Maschinenschlosser	1965-1969
	Fachschulreife	1969
	Studium an der Fachhochschule Schweinfurt, Fachrichtung Maschinenbau	1971-1974
	Studium an der Technischen Universität Berlin, Fachrichtung Fertigungstechnik	1974-1976
Bundeswehr:	Fernmeldebataillon	1969-1971
Berufstätigkeit:	Abteilungsleiter Verfahrenstechnik, Fa. Preh	1976-1980
	Abteilungsleiter Produktionsvorbreitung, Fa. FAG	1980-1983
	Abteilungsleiter Planungskoordination, Fa. FAG	seit 1983